U0455925

厄瓜多尔亚马孙地区常用药用植物

叶文才　周光雄　主编

科学出版社

北　京

内 容 简 介

本书收载了卡拔木、宝乐果、瓜尤茶等100种厄瓜多尔亚马孙流域常用药用植物，每个品种独立成章，每章由植物基源与形态、化学成分、药理作用和应用等4个部分组成。在植物来源部分，主要介绍了各药用植物的基源、别名、分布及其形态等情况，并附有每种药用植物的照片；在化学成分部分，列出了每种植物中已分离鉴定的化学成分的中英文名称，并绘出了部分代表性化合物的结构式；在药理作用部分，详细介绍了每种药用植物或其主要成分的药理作用及其作用机制等；在应用部分，综述了每种药用植物在亚马孙地区的传统应用及现代应用情况。此外，每种药用植物均详细列出了文中所涉及内容的参考文献。

本书可供中药学、药学、植物学、化学、生物学、食品科学等相关专业科研工作者和研究生参考阅读。

图书在版编目（CIP）数据

厄瓜多尔亚马孙地区常用药用植物 / 叶文才，周光雄主编. — 北京：科学出版社，2025. 5. -- ISBN 978-7-03-082254-3

Ⅰ．R282.71

中国国家版本馆 CIP 数据核字第 2025JP6153 号

责任编辑：郭海燕 于 淼 / 责任校对：刘 芳
责任印制：徐晓晨 / 封面设计：陈 敬

科学出版社 出版
北京东黄城根北街16号
邮政编码：100717
http://www.sciencep.com
北京九天鸿程印刷有限责任公司印刷
科学出版社发行 各地新华书店经销
*
2025年5月第 一 版 开本：787×1092 1/16
2025年5月第一次印刷 印张：13 1/2
字数：211 000
定价：168.00元
（如有印装质量问题，我社负责调换）

《厄瓜多尔亚马孙地区常用药用植物》
编委会

主　编　叶文才　周光雄

副主编　王　磊　汪荣斌　张晓琦　王　英　梅炬铭

编　委　范春林　李林华　王文婧　吴　炎　姚　楠

　　　　黄晓君　吴振龙　胡利军　宋建国　程民井

　　　　肖春芬

翻　译　秦晓莹　李　婉

前　言

　　厄瓜多尔位于南美洲西北部的赤道附近，其东西部平原地区多属于热带雨林气候，而中部山地地区气候类型多为高山气候，独特的地理条件造就了其丰富而独特的药用植物资源，许多当地民族传统的植物药一直沿用至今。譬如，治疗疟疾的特效药——奎宁就源于原产厄瓜多尔的金鸡纳树皮。由于特殊的地理环境和相对落后的发展水平，仍有许多亚马孙地区传统药用植物有待被开发利用。

　　笔者所在的暨南大学，是中国第一所由政府创办的华侨高等学府，一直高度重视对外学术交流与科研合作。自2000年起，学校已与拉美等"一带一路"国家开展了教育和科研合作。2014年7月，时任校长胡军应邀率团访问南美厄瓜多尔、智利两国，与厄瓜多尔昆卡大学、亚马孙国立大学及东方集团签署了多项合作协议，成立了"暨南大学亚马孙药用植物研究院"，并与亚马孙国立大学合作建立了"暨南大学-亚马孙国立大学联合药用植物保护种植园"，开展亚马孙流域药用植物的开发利用与保护研究。

　　在国家重点研发计划"厄瓜多尔亚马孙地区药用植物国际合作开发研究"项目（编号：2017YFC1703800）的资助下，暨南大学药学院研究团队多次派员前往厄瓜多尔亚马孙地区开展药用植物资源调研，对位于厄瓜多尔亚马孙雨林林区边缘、亚马孙雨林植物保护区、印第安土著居住区等地进行药用植物调查。项目组成员拍摄了当地植物、生境场景与药材照片等共计1万余幅，采集制作了近250种植物标本450余个，协调落实了50余种药用植物的移栽和驯化种植。为更全面地了解当地药用植物情况，项目组成员还查阅了亚马孙国立大学植物标本馆腊叶标本3000余幅，阅读了该标本馆资料室所藏中南美洲多国植物志等资料，为本书的编撰收集了第一手资料。

　　本书收载了卡拔木、宝乐果、瓜尤茶等100种厄瓜多尔亚马孙流域常用药用植物，每个品种独立成章，每章由植物基源与形态、化学成分、药理作用和应用等4个部分组成。在植物来源部分，主要介绍了各药用植物的基源、别名、分布及其形态等情况，并附有每种药用植物的照片；在化学成分部分，列出了每种植物中已分离鉴定的化学成分的中英文名称，并绘出了部分代表性化合物的结构式；在药理作用部分，详细介绍了每种药用植物或其主要成分的药理作用及其作用机制等；在应用部分，综述了每种药用植物在亚马孙地区的传统应用及现代应用情况。此外，每种药用植物均详细列出了文中所涉及内容的参考文献。

　　本书药用植物图片约100张、化学结构式约200个、参考文献约900篇，展示了厄瓜多尔亚马孙流域药用植物的多样性与独特性，可供中药学、药学、植物学、化学、生物学、食品科学等相关专业科研工作者和研究生参考阅读。

编　者

2025年3月

2014年7月，暨南大学原校长胡军一行拜会厄瓜多尔教育部副部长Luca Uria女士

2015年4月，暨南大学领导会见厄瓜多尔教育代表团

2015年8月，考察组成员参观暨南大学-亚马孙国立大学联合药用植物保护种植园

2018年7月，考察组成员对厄瓜多尔热带雨林保护区"大森林"（Jatun Sacha）进行调查和采集植物标本

目　　录

1　一点红 ……………………… 1
2　人心果 ……………………… 3
3　土荆芥 ……………………… 5
4　大叶脱皮藤 ………………… 7
5　大花木曼陀罗 ……………… 9
6　大花可可 …………………… 11
7　大花番茉莉 ………………… 13
8　大果番樱桃 ………………… 15
9　小叶冷水花 ………………… 17
10　飞扬草 ……………………… 19
11　马缨丹 ……………………… 21
12　木本曼陀罗 ………………… 23
13　木薯 ………………………… 25
14　五彩芋 ……………………… 27
15　少花龙葵 …………………… 29
16　水茄 ………………………… 31
17　毛马齿苋 …………………… 33
18　文定果 ……………………… 35
19　火龙果 ……………………… 37
20　火莓 ………………………… 39
21　可可 ………………………… 40
22　龙葵 ………………………… 42
23　卡拔木 ……………………… 44
24　白背黄花稔 ………………… 46
25　瓜尤茶 ……………………… 49
26　印加豆 ……………………… 51
27　圭亚那鸽枣 ………………… 53
28　死藤 ………………………… 55
29　光叶子花 …………………… 57
30　吊竹梅 ……………………… 59
31　网纹草 ……………………… 61

32　伏地野牡丹 ………………… 62
33　红木 ………………………… 64
34　红花瓜栗 …………………… 66
35　红果仔 ……………………… 68
36　红珊瑚爵床 ………………… 71
37　芦荟 ………………………… 73
38　杧果 ………………………… 76
39　豆薯 ………………………… 78
40　角茎野牡丹 ………………… 80
41　鸡蛋果 ……………………… 82
42　刺苋 ………………………… 84
43　刺芹 ………………………… 86
44　软枝黄蝉 …………………… 88
45　肯氏驼峰楝 ………………… 90
46　罗勒 ………………………… 92
47　金脉爵床 …………………… 94
48　金嘴蝎尾蕉 ………………… 96
49　乳茄 ………………………… 97
50　肿柄菊 ……………………… 99
51　变叶木 ……………………… 101
52　宝乐果 ……………………… 103
53　草胡椒 ……………………… 105
54　南美水仙 …………………… 107
55　南美茄 ……………………… 109
56　南美油藤 …………………… 111
57　南美甜樟 …………………… 113
58　药用蒲公英 ………………… 115
59　树胡椒 ……………………… 117
60　树牵牛 ……………………… 120
61　面包树 ……………………… 122
62　香蝶菊 ……………………… 124

63　鬼针草 ····················· 126
64　盾叶胡椒 ················· 128
65　狭叶龙舌兰 ············· 130
66　美人蕉 ····················· 132
67　姜花 ························· 135
68　炮弹树 ····················· 137
69　洋椿 ························· 139
70　绒毛钩藤 ················· 141
71　热唇草 ····················· 144
72　翅荚决明 ················· 146
73　积雪草 ····················· 148
74　通奶草 ····················· 150
75　桑 ····························· 152
76　桑德木 ····················· 154
77　球花醉鱼草 ············· 156
78　黄葵 ························· 158
79　银合欢 ····················· 160
80　甜叶菊 ····················· 162
81　假马鞭 ····················· 164

82　假烟叶树 ················· 166
83　猪屎豆 ····················· 168
84　绿九节 ····················· 170
85　葫芦树 ····················· 172
86　落地生根 ················· 174
87　黑柿 ························· 176
88　番木瓜 ····················· 178
89　番石榴 ····················· 180
90　番荔枝 ····················· 183
91　番薯 ························· 185
92　普约狗牙花 ············· 187
93　蒜香草 ····················· 189
94　蒜香藤 ····················· 192
95　嘉宝果 ····················· 194
96　蔓长春花 ················· 197
97　辣椒 ························· 199
98　薇甘菊 ····················· 201
99　藿香蓟 ····················· 203
100　鳢肠 ······················· 205

拉丁名中文对照 ·································· 207

1 一 点 红

【植物基源与形态】

一点红 [*Emilia sonchifolia*（L.）DC] 为菊科（Asteraceae）一点红属植物，又名羊蹄草、叶下红、紫背叶，广泛分布于亚洲、非洲、美洲的热带及亚热带地区。一点红为一年生草本，茎直立，无毛或被疏短毛，灰绿色。叶质较厚，顶生裂片大，宽卵状三角形，具不规则的齿。头状花序在开花前下垂，花后直立；总苞片黄绿色，约与小花等长，背面无毛；小花粉红色或紫色，管部细长；冠毛丰富，白色，细软[1,2]（图1-1）。

图1-1 一点红（*Emilia sonchifolia*）

【化学成分】

一点红中主要含有生物碱类（emiline、senecionine等）、倍半萜类[γ-蛇麻烯（γ-humulene）等]、黄酮及其苷类[槲皮素（quercetin）、rhamnetin等]以及有机酸类等化学成分[3-5]（图1-2）。

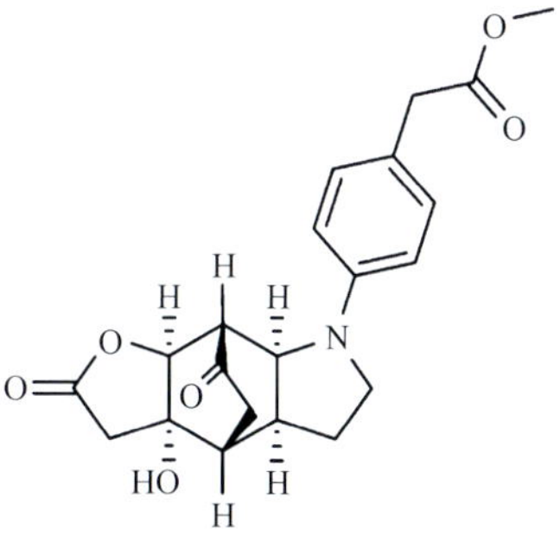

emiline

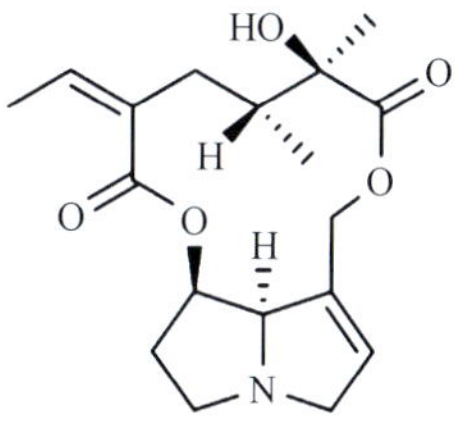

senecionine

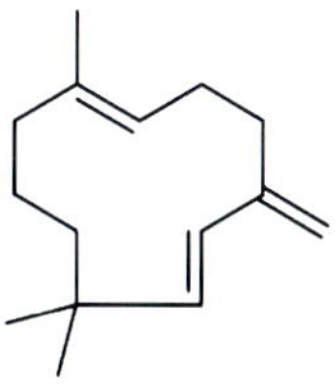

γ-humulene

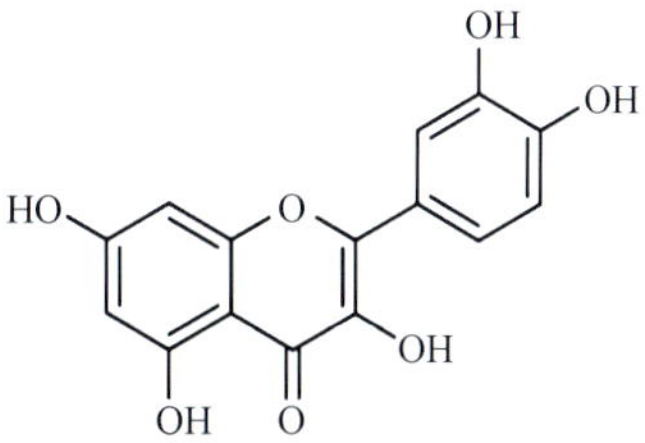

quercetin

图1-2 一点红中代表性化学成分的结构式

【药理作用】

一点红提取物在体外对道尔顿淋巴瘤细胞（DL）、艾氏腹水癌细胞（EAC）和小鼠肺成纤维细胞（L-929）均具有细胞毒性，在体内可有效抑制小鼠实体瘤和腹水瘤的生长，延长荷瘤小鼠的寿命[6]。此外，以倍半萜类化合物γ-humulene为主成分的一点红活性部位可显著抑制B16F10黑色素瘤诱导的C57BL/6小鼠毛细血管的新生[3]。一点红水提取物可减轻白蛋白引起的大鼠足水肿[7]，其甲醇提取物能够抑制角叉菜胶所引起的水肿[8]。一点红的甲醇提取物还可抑制羟自由基和超氧自由基生成[8]。此外，一点红中所含有的黄酮类成分对金黄色葡萄球菌具有较强的抑菌作用[9]。

【应用】

一点红常用于治疗腮腺炎、乳腺炎、小儿疳积、皮肤湿疹等[5]。

参 考 文 献

[1] https：//www.cabi.org/isc/datasheet/20833#tosummaryOfInvasiveness.

[2] 中国科学院中国植物志编辑委员会. 中国植物志［M］. 北京：科学出版社，1999，77：324.

[3] Gilcy GK，Kuttan G. Evaluation of antiangiogenic efficacy of *Emilia sonchifolia*（L.）DC on tumor-specific neovessel formation by regulating MMPs，VEGF，and proinflammatory cytokines［J］. *Integrative Cancer Therapies*，2016，15（4）：NP1-NP12.

[4] Cheng D，Röder E. Pyrrolizidin-alkaloide aus *Emilia sonchifolia*［J］. *Planta Medica*，1986，52（6）：484-486.

[5] 沈寿茂. 一点红化学成分及其质量控制研究［D］. 北京：北京协和医学院，2013.

[6] Shylesh BS，Padikkala J. *In vitro* cytotoxic and antitumor property of *Emilia sonchifolia*（L.）DC in mice［J］. *Journal of Ethnopharmacology*，2000，73（3）：495-500.

[7] Muko KN，Ohiri FC. A preliminary study on the anti-inflammatory properties of *Emilia sonchifolia* leaf extracts［J］. *Fitoterapia*，2000，71（1）：65-68.

[8] Shylesh BS，Padikkala J. Antioxidant and anti-inflammatory activity of *Emilia sonchifolia*［J］. *Fitoterapia*，1999，70（3）：275-278.

[9] Li JS，Yan LJ，Su HW，*et al.* Study on separations of *Emilia sonchifolia* flavonoids and their antibacterial activities［J］. *Food Science*，2007，28（9）：196-198.

2 人 心 果

【植物基源与形态】

人心果[*Manilkara zapota*（L.）P. Royen]为山榄科（Sapotaceae）铁线子属植物，原产于美洲的热带地区。人心果为乔木，高可达20 m。叶互生，长圆形或椭圆形。花生于枝顶叶腋；花冠白色，花冠裂片先端具不规则细齿；花药长卵形，子房圆锥状，密被黄褐色绒毛，花柱圆柱形。果实为浆果状，褐色，果肉黄褐色，种子扁[1]（图2-1）。

图2-1 人心果（*Manilkara zapota*）

【化学成分】

人心果中主要含有黄酮类[dihydromyricetin、槲皮苷（quercitrin）、杨梅苷（myricitrin）等]、三萜类[齐墩果酸（oleanolic acid）等]、酚酸类[咖啡酸（caffeic acid）等]以及油酸和亚油酸等化学成分[2,3]（图2-2）。

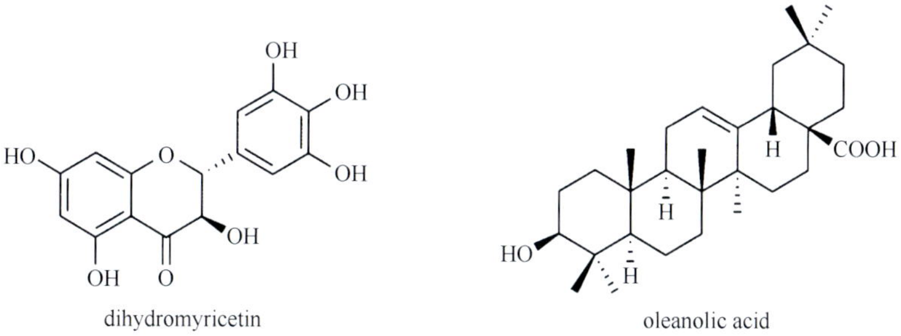

dihydromyricetin

oleanolic acid

图2-2 人心果中代表性化学成分的结构式

【药理作用】

人心果的叶具有抗氧化活性，其丙酮提取物对DPPH自由基和超氧阴离子均有较强的清除能力[4]。人心果的叶和果实均具有降血糖和降血脂活性[5]。人心果的水提取物具有良好的抗肿瘤活性，可通过调控Wnt/β-Catenin信号通路、Caspase依赖通路等抑制结直肠癌的发展[6]。

【应用】

人心果的果实为可食用的水果，其种子可通便、利尿和退热，叶子可用于治疗咳嗽和感冒，树皮可用于治疗腹泻和痢疾[4]。

参 考 文 献

[1] 中国科学院中国植物志编辑委员会. 中国植物志 [M]. 北京：科学出版社，1987，60：50-52.

[2] Ma J，Luo XD，Protiva P，*et al.* Bioactive novel polyphenols from the fruit of *Manilkara zapota*（Sapodilla）[J]. *Journal of Natural Products*，2003，66（7）：983-986.

[3] Fayek NM，Monem ARA，Mossa MY，*et al.* Chemical and biological study of *Manilkara zapota*（L.）Van Royen leaves（Sapotaceae）cultivated in Egypt [J]. *Pharmacognosy Research*，2012，4（2）：85.

[4] Chanda SV，Nagani KV. Antioxidant capacity of *Manilkara zapota* L. leaves extracts evaluated by four *in vitro* methods [J]. *Nature and Science*，2010，8（10）：260-266.

[5] Barbalho SM，Bueno PCS，Delazari DS，*et al.* Antidiabetic and antilipidemic effects of *Manilkara zapota* [J]. *Journal of Medicinal Food*，2015，18（3）：385-391.

[6] Tan BL，Norhaizan ME. *Manilkara zapota*（L.）P. Royen leaf water extract triggered apoptosis and activated caspase-dependent pathway in HT-29 human colorectal cancer cell line [J]. *Biomedicine and Pharmacotherapy*，2019，110：748-757.

3 土 荆 芥

【植物基源与形态】

土荆芥[*Dysphania ambrosioides*（L.）Mosyakin & Clemants]为藜科（Chenopodiaceae）藜属植物，原产于热带美洲地区。土荆芥为一年或多年生草本，被短柔毛，高约1 m，具有浓郁的芳香气味。叶片呈长圆形、披针形，有锯齿。花，绿色，微小，聚伞花序，腋生，每朵花具有五个萼片。胞果扁球形，完全包于花被内，种子呈黑色[1, 2]（图3-1）。

图3-1　土荆芥（*Dysphania ambrosioides*）

【化学成分】

土荆芥中主要含有以ascaridole为代表的挥发油类成分。此外，还含有黄酮及其苷类[山奈酚-7-*O*-α-L-鼠李糖苷（kaempferol-7-*O*-α-L-rhamnoside）等]、甾体类等其他化学成分[2-4]（图3-2）。

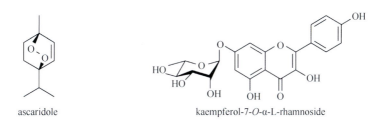

ascaridole　　　　　　　　kaempferol-7-*O*-α-L-rhamnoside

图3-2　土荆芥中代表性化学成分的结构式

【药理作用】

土荆芥的提取物及挥发油部位具有多种药理活性。如，对多种细菌（金黄色葡萄球菌、铜绿假单胞菌等）、真菌（黄曲霉菌、黑曲霉等）和寄生虫（血吸虫、疟原虫、克氏锥虫等）均有一定的抑制作用[3-9]，可清除DPPH自由基等[7, 10]，可抑制白血病P388细胞[10]、乳腺癌MCF-7细胞[11]等的增殖。此外，土荆芥还具有抗炎、镇痛[12-15]、免疫调节[16]等活性。

【应用】

土荆芥多用于治疗炎症、挫伤和肺部感染，是常见的抗真菌、利尿、驱虫药物[2]。

参 考 文 献

[1] TrivellatoGrassi L，Malheiros A，Meyre-Silva C，*et al*. From popular use to pharmacological validation：a study of the anti-inflammatory，anti-nociceptive and healing effects of *Chenopodium ambrosioides* extract [J]. *Journal of Ethnopharmacology*，2013，145（1）：127-138.

[2] Potawale SE，Luniya KP，Mantri RA，*et al*. *Chenopodium ambrosioides*：an ethnopharmacological review [J]. *Pharmacologyonline*，2008，（2，Newsletter）：272-286.

[3] Kokanova-Nedialkova Z，Nedialkov PT，Nikolov SD. The genus *Chenopodium*：phytochemistry，ethnopharmacology and pharmacology [J]. *Pharmacognosy Reviews*，2009，3（6）：280-306.

[4] Soares MH，Dias HJ，Vieira TM，*et al*. Chemical composition，antibacterial，schistosomicidal，and cytotoxic activities of the essential oil of *Dysphania ambrosioides*（L.）Mosyakin & Clemants（Chenopodiaceae）[J]. *Chemistry & Biodiversity*，2017，14（8）：e1700149.

[5] Jesus RS，Piana M，Freitas RB，*et al*. *In vitro* antimicrobial and antimycobacterial activity and HPLC-DAD screening of phenolics from *Chenopodium ambrosioides* L [J]. *Brazilian Journal of Microbiology*，2018，49（2）：296-302.

[6] Jardim CM，Jham GN，Dhingra OD，*et al*. Chemical composition and antifungal activity of the hexane extract of the Brazilian *Chenopodium ambrosioides* L [J]. *Journal of the Brazilian Chemical Society*，2010，21（10）：1814-1818.

[7] Andrade Santiago J，Cardoso MdG，Batista LR，*et al*. Essential oil from *Chenopodium ambrosioides* L.：secretory structures，antibacterial and antioxidant activities [J]. *Acta Scientiarum*，*Biological Sciences*，2016，38（2）：139-147.

[8] Kumar R，Mishra AK，Dubey NK，*et al*. Evaluation of *Chenopodium ambrosioides* oil as a potential source of antifungal，antiaflatoxigenic and antioxidant activity [J]. *International Journal of Food Microbiology*，2007，115（2）：159-164.

[9] Cysne DN，Fortes TS，Reis AS，*et al*. Antimalarial potential of leaves of *Chenopodium ambrosioides* L [J]. *Parasitology Research*，2016，115（11）：4327-4334.

[10] Pandiangan D，Lamlean PY，Maningkas PF，*et al*. Antioxidant and anticancer activity tests of "Pasote" leaf water extracts（*Dysphania ambrosioides* L.）by *in vitro* method in leukemia cancer cells [J]. *Journal of Physics*：*Conference Series*，2020，1463（1）：12020.

[11] Wang YN，Wu JL，Ma DW，*et al*. Anticancer effects of *Chenopodium ambrosiodes* L. essential oil on human breast cancer MCF-7 cells *in vitro* [J]. *Tropical Journal of Pharmaceutical Research*，2015，14（10）：1813-1820.

[12] Ibironke GF，Ajiboye KI . Studies on the anti-inflammatory and analgesic properties of *Chenopodium ambrosioides* leaf extract in rats [J]. *International Journal of Pharmacology*，2007，3（1）：111-115.

[13] Pereira WS，da Silva GP，Vigliano MV，*et al*. Anti-arthritic properties of crude extract from *Chenopodium ambrosioides* L. leaves [J]. *Journal of Pharmacy and Pharmacology*，2018，70（8）：1078-1091.

[14] Alitonou GA，Sessou P，Tchobo FP，*et al*. Chemical composition and biological activities of essential oils of *Chenopodium ambrosioides* L. collected in two areas of Benin [J]. *International Journal of Biosciences*，2012，2（8）：58-66.

[15] Okuyama E，Umeyama K，Saito Y，*et al*. Ascaridole as a pharmacologically active principle of Paico，a medicinal Peruvian plant [J]. *Chemical & Pharmaceutical Bulletin*，1993，41（7）：1309-1311.

[16] Rodrigues JGM，Albuquerque PSV，Nascimento JR，*et al*. The immunomodulatory activity of *Chenopodium ambrosioides* reduces the parasite burden and hepatic granulomatous inflammation in *Schistosoma mansoni*-infection [J]. *Journal of Ethnopharmacology*，2021，264：113287.

4 大叶脱皮藤

【植物基源与形态】

大叶脱皮藤[*Abuta grandifolia*（Mart.）Sandwith]为防己科（Menispermaceae）脱皮藤属植物，主要分布于南美洲北部的厄瓜多尔、委内瑞拉、秘鲁、玻利维亚、巴西等地。根据栖息地的不同，大叶脱皮藤的形态有所不同，在阳光充足的地方，其常为灌木或小乔木，高约7 m；在阴暗的地方，大叶脱皮藤通常为攀缘灌木，具有旺盛的木质茎，可攀爬到高大的树木上[1-3]（图4-1）。

图4-1 大叶脱皮藤（*Abuta grandifolia*）

【化学成分】

大叶脱皮藤中富含生物碱类化合物，如双苄基异喹啉型生物碱krukovine、（*S-S*）-O4″-methyl, O6′-demethyl-（＋）-curine等，以及环庚三烯酮异喹啉型生物碱grandirubrine等。此外，大叶脱皮藤中还含有lucyoside E等三萜皂苷类化合物[4-6]（图4-2）。

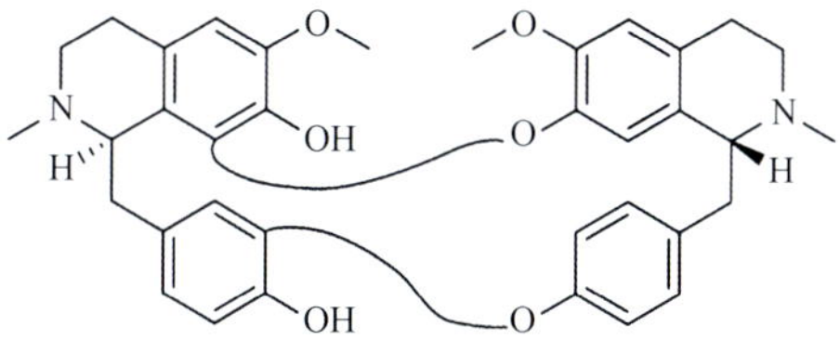

krukovine

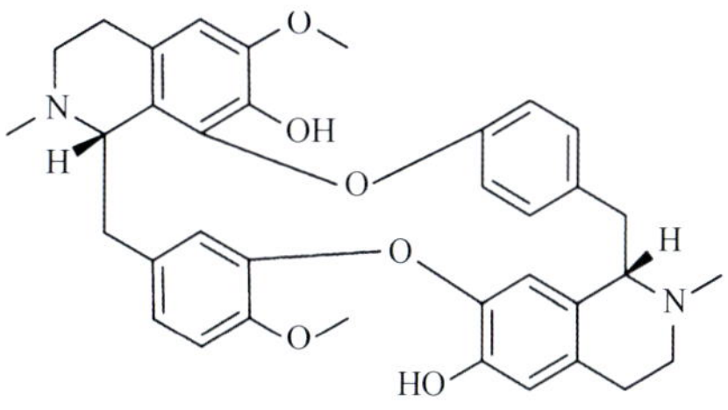

(*S-S*)-O4″-methyl, O6′-demethyl-(+)-curine

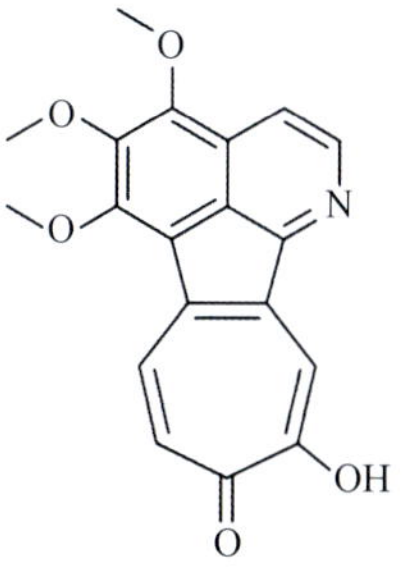

grandirubrine

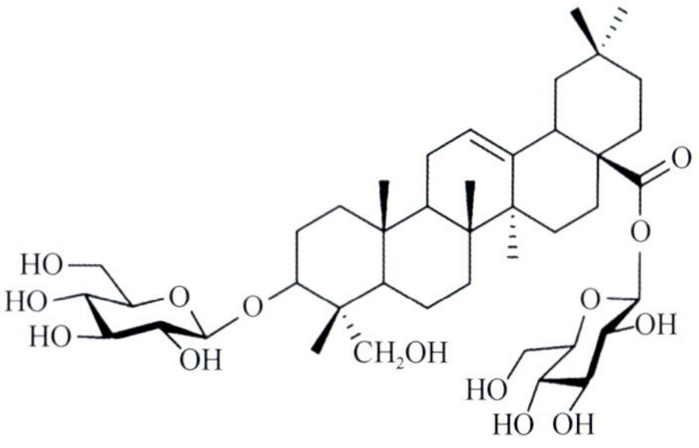

lucyoside E

图4-2 大叶脱皮藤中代表性化学成分的结构式

【药理作用】

大叶脱皮藤水提取物可降低四氧嘧啶诱导的糖尿病大鼠的血糖[7]。从大叶脱皮藤中分离鉴定的双苄基异喹啉型生物碱krukovine具有抗疟活性，其对氯喹耐药的K1及氯喹敏感的T9-96恶性疟原虫（*Plasmodium falciparum*）的IC_{50}值分别为0.44和0.022 μg/mL[6]。从大叶脱皮藤中分离鉴定的双苄基异喹啉型生物碱（*S-S*）-O4″-methyl，O6′-demethyl-（＋）-curine具有丁酰胆碱酯酶（BChE）抑制活性，其IC_{50}值为（1.00±0.44）μM[4]。此外，大叶脱皮藤还具有抗炎、抗菌等活性[5]。

【应用】

大叶脱皮藤的果实可食用，其根可用于治疗肝硬化、膀胱功能障碍、胃胀气、腹绞痛、水肿、毒蛇咬伤、贫血等。此外，该植物具有毒性，是制作南美著名的箭毒"curare"的原料之一[1,2]。

参 考 文 献

[1] http：//tropical.theferns.info/viewtropical.php?id=Abuta+grandifolia.

[2] De la Torre L，Navarrete H，Muriel P，*et al. Enciclopedia de las Plantas Útiles del Ecuador（con extracto de datos）*［M］. Ecuador：Herbario QCA de la Escuela de Ciencias Biológicas de la Pontificia Universidad Católica del Ecuador & Herbario AAU del Departamento de Ciencias Biológicas de la Universidad de Aarhus，2008：597.

[3] Tamaio N，Fritz DNBA. Xylem structure of successive rings in the stem of *Abuta grandifolia*（Menispermaceae）a statistical approach［J］. *Iawa Journal*，2010，31（3）：309-316.

[4] Cometa MF，Fortuna S，Palazzino G，*et al*. New cholinesterase inhibiting bisbenzylisoquinoline alkaloids from *Abuta grandifolia*［J］. *Fitoterapia*，2012，83（3）：476-480.

[5] Sayagh C，Long C，Moretti C，*et al*. Saponins and alkaloids from *Abuta grandifolia*［J］. *Phytochemistry Letters*，2012，5（1）：188-193.

[6] Steele JCP，Simmonds MSJ，Veitch NC，*et al*. Evaluation of the anti-plasmodial activity of bisbenzylisoquinoline alkaloids from *Abuta grandifolia*［J］. *Planta Medica*，1999，65（5）：413-416.

[7] Justil C，Pedro AH，Hugo JG，*et al*. Evaluación de la actividad hipoglicemiante del extracto acuoso de *Abuta grandifolia*（Mart.）en ratas con diabetes inducida por aloxano［J］. *Revista de Investigaciones Veterinarias del Peru*，2015，26（2）：206-212.

5 大花木曼陀罗

【植物基源与形态】

大花木曼陀罗[*Brugmansia suaveolens*（Humb. et Bonpl. ex Willd.]Bercht. & J. Presl）为茄科（Solanaceae）木曼陀罗属植物，主要分布于热带与亚热带地区，在南美洲的阿根廷、智利、巴西、秘鲁等地均有分布。大花木曼陀罗为灌木或小乔木，高1～6 m不等。叶柄长2～5 cm；叶片椭圆形，长15～30 cm，宽5～12 cm。花白色或红色，花冠由25～30 cm长的管状裂片组成。果实末端窄，中间宽，长约20 cm，直径约2.5 cm[1]（图5-1）。

图5-1　大花木曼陀罗（*Brugmansia suaveolens*）

【化学成分】

大花木曼陀罗中主要含有莨菪烷型生物碱类[3-（hydroxyacetoxy）-tropane等]、黄酮及其苷类[山柰酚-3-*O*-α-L-吡喃阿拉伯糖苷（kaempferol 3-*O*-α-L-arabinopyranoside）等]、木脂素类[刺五加苷B（acanthoside B）等]、甾体类[20-羟基蜕皮甾酮（20-hydroxyecdysone）等]以及挥发油类等化学成分[1]（图5-2）。

【药理作用】

大花木曼陀罗的水提取物具有镇痛作用，能显著抑制醋酸所致的小鼠扭体反应[2]。同时，大花木曼陀罗的乙醇提取物具有显著的杀虫活性和肌肉松弛作用[3]。

3-(hydroxyacetoxy)-tropane

kaempferol 3-*O*-α-L-arabinopyranoside

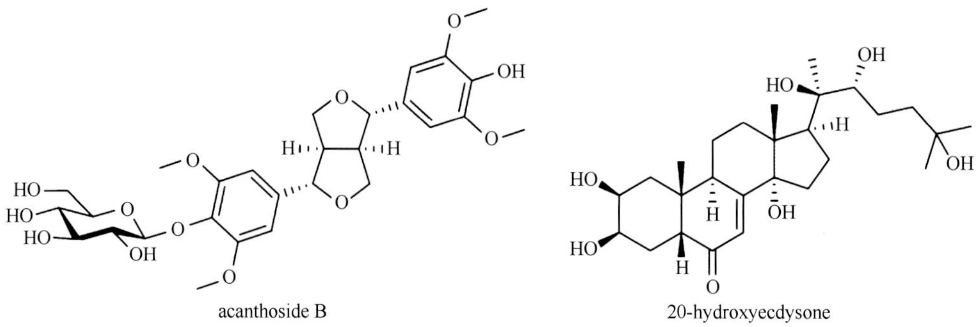

acanthoside B

20-hydroxyecdysone

图5-2　大花木曼陀罗中代表性化学成分的结构式

【应用】

大花木曼陀罗可用于缓解牙痛，以及治疗创伤性炎症、溃疡、胸痛、皮炎、皮肤脓肿、蛇咬伤、腹泻、淋病、食欲减退等。此外，大花木曼陀罗的花蕾还可用于治疗眼痛和咳嗽[1]。

参 考 文 献

[1] Petricevich VL，Salinas-Sánchez DO，Avilés-Montes D，*et al*. Chemical compounds，pharmacological and toxicological activity of *Brugmansia suaveolens*：A review [J]. *Plants*，2020，9（1161）：1-14.

[2] Parker AG，Peraza GG，Sena J，*et al*. Antinociceptive effects of the aqueous extract of *Brugmansia suaveolens* flowers in mice [J]. *Biological Research for Nursing*，2007，8（3）：234-239.

[3] Encarnacion-Dimayuga R，Altamirano L，Aoki Maki K. Screening of medicinal plants from Baja California Sur（Mexico）by their effects on smooth muscle contractility [J]. *Pharmaceutical Biology*，1998，36（2）：124-130.

6 大花可可

【植物基源与形态】

大花可可 [*Theobroma grandiflorum*（Willd. ex Spreng.）K.Schum.] 为锦葵科（Malvaceae）可可属植物，又名古布阿苏，主要分布于南美洲的亚马孙河流域。大花可可成熟时可高达 20 m，树冠直径可达 7 m。叶长圆形，长 25～35 cm。花序有三到五朵花，每朵花有一个花萼，由五个三角形的融合萼片组成，花冠有五个紫色的花瓣。果实椭圆形，长约 25 cm，宽约 12 cm；果皮硬且光滑，呈深棕色；果肉黏稠，气香，味微酸[1, 2]（图6-1）。

图6-1　大花可可（*Theobroma grandiflorum*）

【化学成分】

大花可可中主要含有（+）-儿茶素 [（+）-catechin]、槲皮素（quercetin）、山奈酚（kaempferol）、theograndin I、hypolaetin 8-*O*-α-D-glucuronide 等黄酮及其苷类化合物，以及咖啡因（caffeine）、可可碱（theobromine）等黄嘌呤型生物碱类化合物[3]（图6-2）。

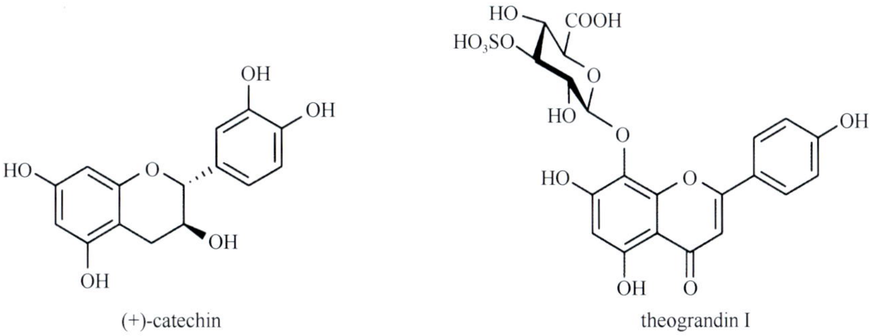

(+)-catechin

theograndin I

图6-2　大花可可中代表性化学成分的结构式

【药理作用】

大花可可能促进链脲佐菌素（STZ）诱导的糖尿病大鼠的体重增长，降低其肝脏重量/体重比及血浆甘油三酯的水平，并能增强其血浆的抗氧化能力[4]。大花可可中所含有的黄酮类化合物还具有抗氧化活性[3]。

【应用】

大花可可为亚马孙河雨林地区的著名水果，其果肉是生产果汁、果酱和冰淇淋的重要原料，其种子可被用于生产类似巧克力的食品。此外，大花可可"黄油"可被用作食品中可可脂的替代品和化妆品原料[1,5,6]。

参 考 文 献

[1] Cabral Velho C，Whipkey A，Janick J. Cupuassu: a new beverage crop for Brazil. [C]. *Timber Press*，1990：372-375.

[2] Vriesmann LC，Silveira JLM，Petkowicz CLO. Rheological behavior of a pectic fraction from the pulp of cupuassu (*Theobroma grandiflorum*) [J]. *Carbohydrate Polymers*，2010，79（2）: 312-317.

[3] Yang H，Protiva P，Cui B，*et al*. New bioactive polyphenols from *Theobroma grandiflorum* ("Cupuaçu") [J]. *Journal of Natural Products*，2003，66（11）: 1501-1504.

[4] de Oliveira TB，Genovese MI. Chemical composition of cupuassu (*Theobroma grandiflorum*) and cocoa (*Theobroma cacao*) liquors and their effects on streptozotocin-induced diabetic rats [J]. *Food Research International*，2013，51（2）: 929-935.

[5] Genovese MI，Lannes SCS. Comparison of total phenolic content and antiradical capacity of powders and "chocolates" from cocoa and cupuassu [J]. *Food Science and Technology*，2009，29（4）: 810-814.

[6] Alves RM，Sebbenn AM，Artero AS，*et al*. High levels of genetic divergence and inbreeding in populations of cupuassu (*Theobroma grandiflorum*) [J]. *Tree Genetics & Genomes*，2007，3（4）: 289-298.

7 大花番茉莉

【植物基源与形态】

大花番茉莉[*Brunfelsia grandiflora*（D.）Don]是茄科（Solanaceae）鸳鸯茉莉属植物，主要分布于尼加拉瓜、哥斯达黎加、美国等中美洲国家以及哥伦比亚、巴西、厄瓜多尔、秘鲁、玻利维亚等南美洲北部国家。大花番茉莉为灌木，叶长多分枝。树皮薄，粗糙，浅到暗棕色。花序顶生和近顶生；花5朵，艳丽，无气味，由紫罗兰色褪为白色，嘴部有圆形的白色环。蒴果卵球形至近球形，从深绿色变褐色；果皮薄。种子椭球形到长圆形，深红棕色[1-4]（图7-1）。

图7-1　大花番茉莉（*Brunfelsia grandiflora*）

【化学成分】

大花番茉莉中主要含有香豆素类（aesculetin、scopoletin等）和生物碱类（scopolamine、brunfelsamidine等）化合物，此外，还有少量的呋甾皂苷类成分[5-7]（图7-2）。

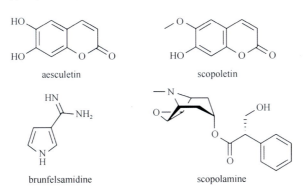

aesculetin　　　　　　　　　scopoletin

brunfelsamidine　　　　　　　scopolamine

图7-2　大花番茉莉中代表性化学成分的结构式

【药理作用】

大花番茉莉中所含有的香豆素类化合物aesculetin可通过诱导线粒体介导的细胞凋亡而抑制肿瘤细胞的迁移，并对人白血病细胞THP-1具有选择性抗肿瘤活性[8]。大花番茉莉中所含的生物碱类化合物 scopolamine 具有抗真菌、解痉、散瞳和睫状肌麻痹作用[9]。

【应用】

在亚马孙河流域，大花番茉莉的根常被用于治疗风湿、梅毒和发热，其叶的水煎剂则被用于治疗风湿病和关节炎[2,3]。

参 考 文 献

[1] De la Torre L，Navarrete H，Muriel P，*et al. Enciclopedia de las Plantas Útiles del Ecuador* [M]. Ecuador: Herbario QCA de la Escuela de Ciencias Biológicas de la Pontificia Universidad Católica del Ecuador & Herbario AAU del Departamento de Ciencias Biológicas de la Universidad de Aarhus，2008，580.

[2] Santiváñez Acosta R，Cabrera Meléndez J. *Catálogo florístico de plantas medicinales peruanas* [M]. Centro Nacional de Salud Intercultural（CENSI），2013，12.

[3] Mejía CK，Rengifo SE. *Plantas medicinales de uso popular en la Amazonía peruana* [M]. Tarea Asociación Gráfica Educativa，2000，69-70. http://repositorio.iiap.org.pe/handle/IIAP/74.

[4] Pinedo Panduro M，Rengifo Salgado EL，Cerrutti Sifuentes T. *Plantas medicinales de la amazonía peruana, estudio de su uso y cultivo* [R]. 1997，103.

[5] Luzuriaga-Quichimbo CX，Hernandez del Barco M，Blanco-Salas J，*et al*. Chiricaspi（*Brunfelsia grandiflora*，Solanaceae），a pharmacologically promising plant [J]. *Plants*，2018，7（3）：67.

[6] Lloyd HA，Fales HM，Goldman ME，*et al*. Brunfelsamidine: a novel convulsant from the medicinal plant *Brunfelsia grandiflora* [J]. *Tetrahedron Letters*，1985，26（22）：2623-2624.

[7] Fuchino H，Sekita S，Mori K，*et al*. A new leishmanicidal saponin from *Brunfelsia grandiflora* [J]. *Chemical & Pharmaceutical Bulletin*，2008，56（1）：93-96.

[8] Gong J，Zhang WG，Feng XF，*et al*. Aesculetin（6，7-dihydroxycoumarin）exhibits potent and selective antitumor activity in human acute myeloid leukemia cells（THP-1）via induction of mitochondrial mediated apoptosis and cancer cell migration inhibition [J]. *Journal of Buon*，2017，22（6）：1563-1569.

[9] http://www.drugbank.ca/drugs/DB00747.

8 大果番樱桃

【植物基源与形态】

大果番樱桃（*Eugenia stipitata* McVaugh）
为桃金娘科（Myrtaceae）番樱桃属植物，主要
分布于南美洲的巴西、玻利维亚、厄瓜多尔等
国家地区。大果番樱桃为灌木或小乔木，高可
达4.5 m。枝干下垂。叶纤细。花白色，艳丽。
果实亮黄色，多汁，具芳香味[1]（图8-1）。

图8-1　大果番樱桃（*Eugenia stipitata*）

【化学成分】

大果番樱桃中主要含有黄酮类［槲皮素
（quercetin）、山奈酚（kaempferol）、表儿茶素
（epicatechin）等］和苯丙素类［桂皮酸（cinnamic acid）等］化合物，还含有叶黄素、胡萝卜
素等其他化学成分[2-4]（图8-2）。

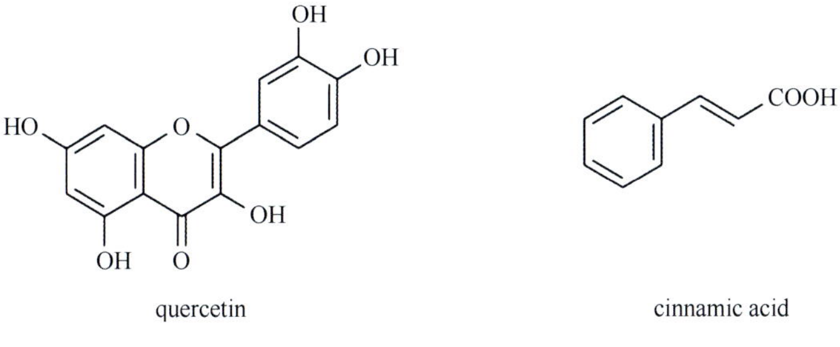

quercetin

cinnamic acid

图8-2　大果番樱桃中代表性化学成分的结构式

【药理作用】

大果番樱桃中含有的酚类化合物具有抗氧化活性，可有效清除DPPH自由基。此外，大
果番樱桃的乙醇提取物还具有抗诱变和抗基因毒性作用[4, 5]。

【应用】

大果番樱桃的果实可食用，可用于制作果汁、果酱和蜜饯[6]。

参 考 文 献

[1] Fernández-Trujillo JP, Hernández MS, Carrillo M, *et al.* Arazá (*Eugenia stipitata* McVaugh) [M]. *Woodhead Publishing Series in Food Science, Technology and Nutrition*, 2011: 98-115, 116e-117e.

[2] De Souza Schmidt Goncalves AE, Lajolo FM, Genovese MI. Chemical composition and antioxidant/antidiabetic potential of Brazilian native fruits and commercial frozen pulps [J]. *Journal of Agricultural and Food Chemistry*, 2010, 58 (8): 4666-4674.

[3] Barros RGC, Andrade JKS, Denadai M, *et al.* Evaluation of bioactive compounds potential and antioxidant activity in some Brazilian exotic fruit residues [J]. *Food Research International*, 2017, 102: 84-92.

[4] Garzón GA, Narváez-Cuenca CE, Kopec RE, *et al.* Determination of carotenoids, total phenolic content, and antioxidant activity of Arazá (*Eugenia stipitata* McVaugh), an Amazonian fruit [J]. *Journal of Agricultural and Food Chemistry*, 2012, 60 (18): 4709-4717.

[5] Neri-Numa IA, Carvalho-Silva LB, Morales JP, *et al.* Evaluation of the antioxidant, antiproliferative and antimutagenic potential of araçá-boi fruit (*Eugenia stipitata* Mc Vaugh—Myrtaceae) of the Brazilian Amazon Forest [J]. *Food Research International*, 2013, 50 (1): 70-76.

[6] De la Torre L, Navarrete H, Muriel P, *et al. Enciclopedia de las Plantas Útiles del Ecuador* (con extracto de datos) [M]. Ecuador: Herbario QCA de la Escuela de Ciencias Biológicas de la Pontificia Universidad Católica del Ecuador & Herbario AAU del Departamento de Ciencias Biológicas de la Universidad de Aarhus, 2008: 597.

9 小叶冷水花

【植物基源与形态】

小叶冷水花 [*Pilea microphylla*(L.)Li-ebm.] 为荨麻科（Urticaceae）冷水花属植物，又名透明草，原产南美洲热带地区。小叶冷水花为草本，无毛，直立。茎多分枝，蓝绿色，密布条形钟乳体。叶小，倒卵形至匙形，绿色；叶柄纤细，托叶三角形。雌雄同株，聚伞花序，雄花具梗，卵形。果实卵形，成熟时变褐色，光滑[1]（图9-1）。

图9-1　小叶冷水花（*Pilea microphylla*）

【化学成分】

小叶冷水花中主要含有酚酸类 [绿原酸（chlorogenic acid）、3-*O*-咖啡酰奎宁酸（3-*O*-caffeoylquinic acid）等] 和黄酮类 [芦丁（rutin）、异野漆树苷（isorhoifolin）、槲皮素（quercetin）等] 化合物[2, 3]（图9-2）。

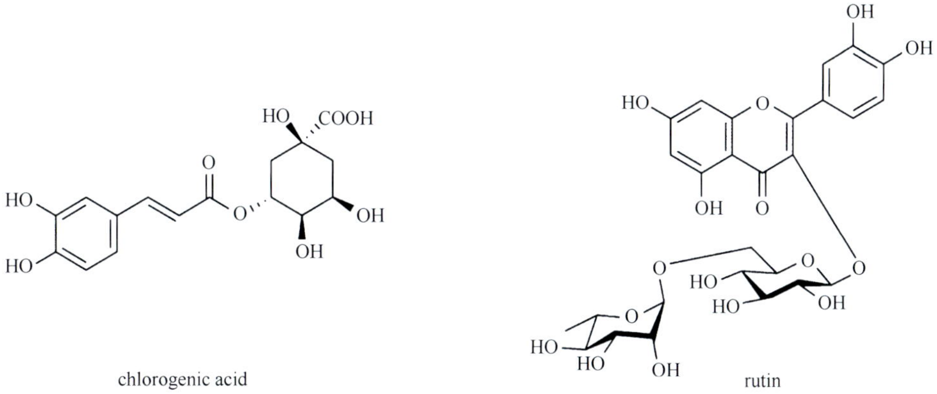

chlorogenic acid

rutin

图9-2　小叶冷水花中代表性化学成分的结构式

【药理作用】

小叶冷水花的乙醇提取物可有效清除自由基，并可抑制革兰氏阴性和阳性菌的生长[4]。小叶冷水花中含有的黄酮类成分可降低高脂链脲佐菌素诱导的糖尿病小鼠的体重、血糖、甘油三酯和总胆固醇含量[2]。此外，从小叶冷水花中分离获得的黄酮类化合物槲皮素（quercetin）

和木犀草素（luteolin）还可减弱辐射诱导的活性氧形成、脂质过氧化、细胞毒性及DNA损伤[3]。

【应用】

小叶冷水花有促愈合作用，可以延缓肿瘤进展、减轻疼痛、增强免疫反应[5]。

参 考 文 献

[1] 中国科学院中国植物志编辑委员会. 中国植物志[M]. 北京：科学出版社，1995，23：148.

[2] Bansal P，Paul P，Mudgal J，et al. Antidiabetic, antihyperlipidemic and antioxidant effects of the flavonoid rich fraction of *Pilea microphylla*（L.）in high fat diet/streptozotocin-induced diabetes in mice[J]. *Experimental and Toxicologic Pathology*，2012，64（6）：651-658.

[3] Bansal P，Paul P，Nayak PG，et al. Phenolic compounds isolated from *Pilea microphylla* prevent radiation-induced cellular DNA damage[J]. *Acta Pharmaceutica Sinica B*，2011，1（4）：226-235.

[4] Chahardehi AM，Ibrahim D，Sulaiman SF. Antioxidant, antimicrobial activity and toxicity test of *Pilea microphylla*[J]. *International Journal of Microbiology*，2010.

[5] Mollik MAH，Sen D，Chowdhury A，et al. A preliminary study on the efficacy of medicinal plants from Sundarbans used against all forms of cancer[J]. *European Journal of Integrative Medicine*，2009，1（4）：227-228.

10 飞扬草

【植物基源与形态】

飞扬草［*Euphorbia hirta*（L.）］为大戟科
（Euphorbiaceae）大戟属植物，又名大飞扬，
其可能起源于热带美洲，现广泛分布于全球的
热带和亚热带地区。飞扬草为一年生草本植
物，根纤细，长5～11 cm。茎单一，高30～
60 cm，被褐色或黄褐色的多细胞粗硬毛。叶
对生，长椭圆状卵形，长1～5 cm，基部略
偏斜，边缘有细锯齿，叶面绿色，叶背灰绿
色，有时具紫色斑。杯状花序多数密集成腋生
头状，总苞钟状，被柔毛，雄花数枚，雌花

图10-1　飞扬草（*Euphorbia hirta*）

1枚，子房三棱状，花柱分离。蒴果三棱状，长约1～1.5 mm，被短柔毛。种子近圆状四棱，
每个棱面有数个纵槽，无种阜[1,2]（图10-1）。

【化学成分】

飞扬草中主要含有三萜类［β-香树脂醇（*β*-amyrin）、cycloartenol等］、黄酮类［杨梅
苷（myricitrin）、槲皮苷（quercitrin）、hirtaflavonoside B等］以及酚酸类等化学成分[3-8]
（图10-2）。

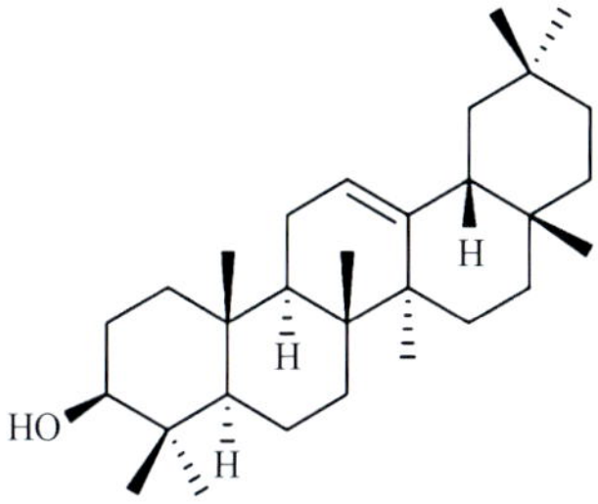

β-amyrin

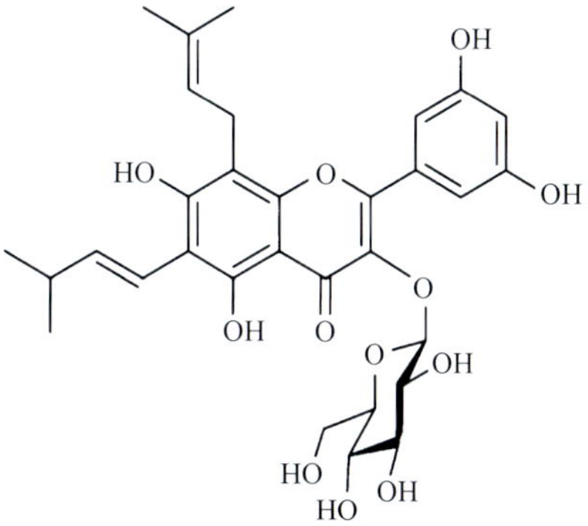

hirtaflavonoside B

图10-2　飞扬草中代表性化学成分的结构式

【药理作用】

飞扬草具有抗炎、抗菌、抗疟、抗氧化、抗过敏、抗焦虑、镇静等多种药理活性[3]。其中，飞扬草中含有的三萜类化合物 β-香树脂醇（β-amyrin）为其抗炎的活性成分[9]。飞扬草的乙醇提取物和石油醚提取物对金黄色葡萄球菌均具有明显的抑制作用[10]。飞扬草还具有很强的抗氧化能力，可清除ABTS、超氧阴离子、DPPH等自由基[8, 11]。此外，从飞扬草叶中分离鉴定的异戊烯基黄酮类化合物还具有抑制 α-葡萄糖苷酶的活性，可用于治疗糖尿病[6]。

【应用】

飞扬草常被用于治疗支气管炎、哮喘等呼吸系统疾病，肠道寄生虫、腹泻等胃肠道疾病，肾结石、月经不调等泌尿生殖系统疾病，以及疣、疖疮、癣、鹅口疮、真菌病、麻疹等皮肤和黏膜性疾病，还被用作利尿剂、止痛药等[1]。

参 考 文 献

[1] http：//tropical.theferns.info/viewtropical.php?id=Euphorbia+hirta

[2] 中国科学院中国植物志编辑委员会.中国植物志[M].北京：科学出版社，1997，44（3）：42.

[3] 宋龙，徐宏喜，杨莉，等.飞扬草的化学成分与药理活性研究概况[J].中药材，2012，35（6）：1003-1009.

[4] Ragasa CY，Cornelio KB. Triterpenes from *Euphorbia hirta* and their cytotoxicity [J]. *Chinese Journal of Natural Medicines*，2013，11（5）：528-533.

[5] Wu Y，Qu W，Geng D，*et al*. Phenols and flavonoids from the aerial part of *Euphorbia hirta* [J]. *Chinese Journal of Natural Medicines*，2012，10（1）：40-42.

[6] Sheliya MA，Rayhana B，Ali A，*et al*. Inhibition of α-glucosidase by new prenylated flavonoids from *Euphorbia hirta* L. herb [J]. *Journal of Ethnopharmacology*，2015，176：1-8.

[7] Yoshida T，Chen L，Shingu T，*et al*. Tannins and related polyphenols of Euphorbiaceous plants. IV.：euphorbins A and B，novel dimeric dehydroellagitannins from *Euphorbia hirta* L. [J]. *Chemical & Pharmaceutical Bulletin*，1988，36（8）：2940-2949.

[8] Mekam PN，Martini S，Nguefack J，*et al*. Phenolic compounds profile of water and ethanol extracts of *Euphorbia hirta* L. leaves showing antioxidant and antifungal properties [J]. *South African Journal of Botany*，2019，127：319-332.

[9] Shih MF，Cherng JY. Reduction of adhesion molecule production and alteration of eNOS and endothelin-1 mRNA expression in endothelium by *Euphorbia hirta* L. through its beneficial *β*-amyrin molecule [J]. *Molecules*，2014，19（7）：10534-10545.

[10] 程超宏，施翊君，陆春菊，等.大飞扬草有效成分提取分离及生物活性初筛[J].广东化工，2019，46（5）：19-20.

[11] Basma AA，Zakaria Z，Latha LY，*et al*. Antioxidant activity and phytochemical screening of the methanol extracts of *Euphorbia hirta* L [J]. *Asian Pacific Journal of Tropical Medicine*，2011，4（5）：386-390.

11 马 缨 丹

【植物基源与形态】

马缨丹[*Lantana camara*（L.）]为马鞭草科（Verbenaceae）马缨丹属植物，别名七变花、如意草、臭草、五彩花、五色梅等，原产于美洲的热带地区，现在我国的福建、台湾、广东、广西、海南等省区有分布。马缨丹为灌木或蔓性灌木，高1～2 m，茎枝常被倒钩状皮刺。叶卵形或卵状长圆形，长3～8.5 cm，先端尖或渐尖，基部心形或楔形。全年开花，花冠黄或橙黄色。果球形，径约4 mm，紫黑色[1, 2]（图11-1）。

图11-1　马缨丹（*Lantana camara*）

【化学成分】

马缨丹中主要含有齐墩果烷型三萜类化合物（oleanonic acid、lancamarinic acid等）以及凝集素类、挥发油类等化学成分[2-8]（图11-2）。

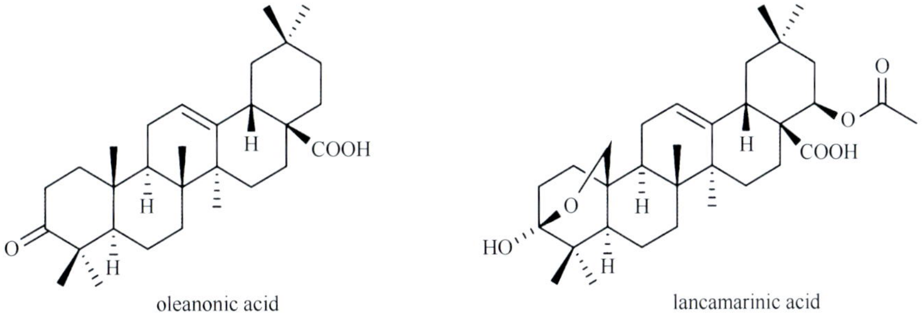

oleanonic acid

lancamarinic acid

图11-2　马缨丹中代表性化学成分的结构式

【药理作用】

马缨丹的提取物可通过激活胱天蛋白酶诱导人乳腺癌细胞MCF-7的凋亡[9]。从马缨丹叶中分离鉴定的齐墩果酸可抑制酪氨酸磷酸酶的活性[5]，叶中含有的凝集素具有抗菌和抗增殖活性[8]，叶的甲醇提取物具有促进大鼠的胃及十二指肠溃疡愈合的作用[10]。马缨丹花的提取物具有保肝、抗尿石症的活性[11, 12]。马缨丹茎的水提取物具有止泻作用[13]。

【应用】

马缨丹的花可供观赏，其根、叶及花可作药用，具有清热解毒、散结止痛、祛风止痒之效，可用于治疗疟疾、肺结核、颈淋巴结核、腮腺炎、胃痛及风湿骨痛等疾病[1]。

参 考 文 献

［1］中国科学院中国植物志编委会. 中国植物志［M］.北京：科学出版社，1982，65：17.

［2］Ayub A，Begum S，Ali SN，*et al*. Triterpenoids from the aerial parts of *Lantana camara* ［J］. *Journal of Asian Natural Products Research*，2019，21（2）：141-149.

［3］Begum S，Ayub A，Shaheen Siddiqui B，*et al*. Nematicidal triterpenoids from *Lantana camara* ［J］. *Chemistry & Biodiversity*，2015，12（9）：1435-1442.

［4］Ono M，Hashimoto A，Miyajima M，*et al*. Two new triterpenoids from the leaves and stems of *Lantana camara* ［J］. *Natural Product Research*，2020，35（21）：3757-3765.

［5］Abdjul DB，Yamazaki H，Maarisit W，*et al*. Oleanane triterpenes with protein tyrosine phosphatase 1B inhibitory activity from aerial parts of *Lantana camara* collected in Indonesia and Japan ［J］. *Phytochemistry*，2017，144：106-112.

［6］Wu P，Song Z，Wang X，*et al*. Bioactive triterpenoids from *Lantana camara* showing anti-inflammatory activities *in vitro* and *in vivo* ［J］. *Bioorganic Chemistry*，2020，101：104004.

［7］Satyal P，Crouch RA，Monzote L，*et al*. The chemical diversity of *Lantana camara*：analyses of essential oil samples from Cuba，Nepal，and Yemen ［J］. *Chemistry & Biodiversity*，2016，13（3）：336-342.

［8］Hiremath KY，Jagadeesh N，Belur S，*et al*. A lectin with anti-microbial and anti-proliferative activities from *Lantana camara*，a medicinal plant ［J］. *Protein Expression and Purification*，2020，170：105574.

［9］Han EB，Chang BY，Jung YS，*et al*. *Lantana camara* induces apoptosis by Bcl-2 family and caspases activation ［J］. *Pathology Oncology Research*，2015，21（2）：325-331.

［10］Sathish R，Vyawahare B，Natarajan K. Antiulcerogenic activity of *Lantana camara* leaves on gastric and duodenal ulcers in experimental rats ［J］. *Journal of Ethnopharmacology* 2011，134（1）：195-197.

［11］Ezzat MI，El Gendy SN，Saad AS，*et al*. Secondary metabolites from *Lantana camara* L. flowers extract exhibit *in vivo* anti-urolithiatic activity in adult Wistar albino rats ［J］. *Natural Product Research*，2022，36（4）：1115-1117.

［12］Abou El-Kassem LT，Mohammed RS，El Souda SS，*et al*. Digalacturonide flavones from Egyptian *Lantana camara* flowers with *in vitro* antioxidant and *in vivo* hepatoprotective activities ［J］. *Zeitschrift Fur Naturforschung. C*，*Journal of Biosciences*，2012，67（7-8）：381-390.

［13］Tadesse E，Engidawork E，Nedi T，*et al*. Evaluation of the anti-diarrheal activity of the aqueous stem extract of *Lantana camara* Linn（Verbenaceae）in mice ［J］. *BMC Complementary and Alternative Medicine*. 2017，17（1）：190.

12 木本曼陀罗

【植物基源与形态】

木本曼陀罗[*Brugmansia arborea*(L.)La-gerh.]为茄科（Solanaceae）木曼陀罗属植物，原产于南美洲，分布于哥伦比亚到智利北部的安第斯山脉地区。木本曼陀罗为常绿灌木，高通常不足 8 m，树干多有分支。叶广卵形，有时边缘有不规则波状牙齿，沿着茎交替排列。花单生于枝杈间或叶腋，花冠喇叭状，白色[1]（图 12-1）。

图 12-1　木本曼陀罗（*Brugmansia arborea*）

【化学成分】

木本曼陀罗中主要含有托品烷型生物碱类[阿托品（atropine）、东莨菪碱（scopol-amine）、norhyoscine 等]及黄酮苷类（kaempferin、kaempferitrin 等）化合物[2,3]（图 12-2）。

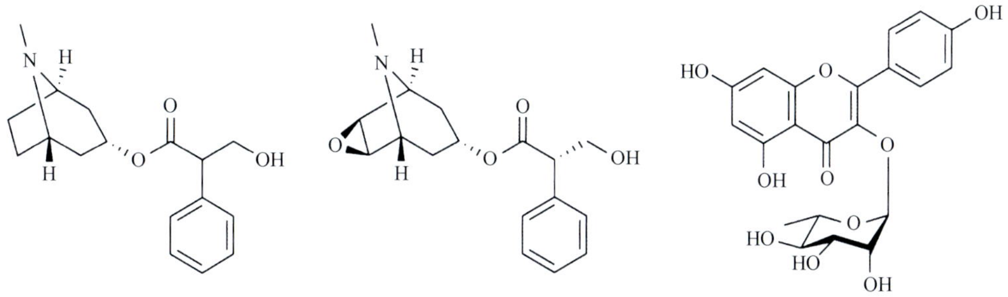

atropine　　　　　　　scopolamine　　　　　　　kaempferin

图 12-2　木本曼陀罗中代表性化学成分的结构式

【药理作用】

木本曼陀罗具有抗胆碱能作用，其提取物及其所含有的托品烷生物碱可减少急性胆碱中毒所引起的豚鼠回肠收缩[2]。从木本曼陀罗中分离鉴定的黄酮类化合物具有抗氧化和抗炎活性，包括可清除 DPPH 和 ABTS 自由基、抑制脂多糖（LPS）诱导 RAW264.7 细胞产生一氧化氮以及减少诱导型一氧化氮合酶（iNOS）和环氧合酶（COX-2）的生成[3]。

【应用】

木本曼陀罗主要用于观赏，亦可用于止痛、抗风湿、治疗创伤、减少充血、防止痉挛等[3]。在厄瓜多尔，其茎和枝可以用于减轻疼痛，叶子和花则用于治疗皮疹、流感、发热、痉挛、月经紊乱、风湿、骨折等[4]。

参 考 文 献

[1] https：//www.britannica.com/plant/angels-trumpet.

[2] Capasso A，De Feo V，De Simone F，*et al*. Activity-directed isolation of spasmolytic（anti-cholinergic）alkaloids from *Brugmansia arborea*（L.）Lagerheim［J］. *International Journal of Pharmacognosy*，1997，35（1）：43-48.

[3] Kim HG，Jang D，Jung YS，*et al*. Anti-inflammatory effect of flavonoids from *Brugmansia arborea* L. flowers［J］. *Journal of Microbiology and Biotechnology*，2020，30（2）：163-171.

[4] De la Torre L，Navarrete H，Muriel P，*et al*. Enciclopedia de las Plantas Útiles del Ecuador（con extracto de datos）［M］. Herbario QCA de la Escuela de Ciencias Biológicas de la Pontificia Universidad Católica del Ecuador & Herbario AAU del Departamento de Ciencias Biológicas de la Universidad de Aarhus，2008：578.

13 木 薯

【植物基源与形态】

木薯（*Manihot esculenta* Crantz）为大戟科（Euphorbiaceae）木薯属植物，又名树葛，原产于南美洲，现在全世界的热带地区均有广泛栽培。木薯为直立灌木，块根圆柱状。叶长10～20 cm，裂片3～7片，倒披针形至狭椭圆形。圆锥花序顶生或腋生；雄花花萼长约7 mm，裂片长卵形；雌花花萼长约10 mm，裂片长圆状披针形。蒴果椭圆状，长1.5～1.8 cm，直径1～1.5 cm，具6条狭而波状纵翅。种子长约1 cm，多具三棱，种皮硬且光滑[1-3]（图13-1）。

图13-1　木薯（*Manihot esculenta*）

【化学成分】

木薯中主要含有氰苷类（lotaustralin等）和二萜类（yucalexin B-1等）化合物，还含有香豆素类、黄酮及其苷类、三萜类、甾体类、脂肪酸类等其他化学成分[3-5]（图13-2）。

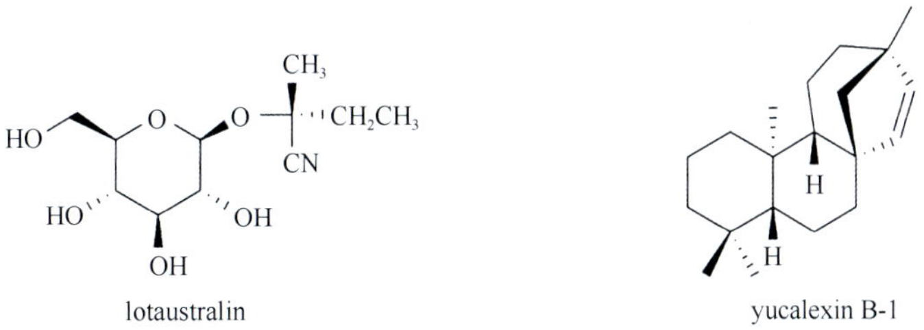

lotaustralin

yucalexin B-1

图13-2　木薯中代表性化学成分的结构式

【药理作用】

木薯的水提取物对扑热息痛所致的肝损伤有治疗作用，其机制可能与木薯中黄酮苷类化合物的抗氧化活性有关[6]。

【应用】

木薯可用于治疗膀胱炎、痈疽疮疡、瘀肿疼痛、疥疮、顽癣等疾病。此外，木薯还具有保健功能，可用于护肝、抗氧化、抗肿瘤、抗糖尿病，以及高血压的防治[1,7]。

参 考 文 献

[1] http：//tropical.theferns.info/viewtropical.php?id=Manihot+esculenta.

[2] 中国科学院中国植物志编辑委员会. 中国植物志[M]. 北京：科学出版社，1996，44：172.

[3] Blagbrough IS，Bayoumi SAL，Rowan MG，*et al. Cassava*：An appraisal of its phytochemistry and its bio-technological prospects [J]. *Phytochemistry*，2010，71（17-18）：1940-1951.

[4] Pan YM，Zou T，Chen YJ，*et al.* Two new pentacyclic triterpenoids from the stems of *Manihot esculenta* [J]. *Phytochemistry Letters*，2015，12：273-276.

[5] Diana W，Supriatno S，Desi H，*et al.* Flavonoid from the sao pedro petro of tubers of cassava（*Manihot esculenta* Crantz）[J]. *Research Journal of Chemistry and Environment*，2019，23（12）：111-113.

[6] Elshamy AI，EI Gendy AEG，Farrag ARH，*et al.* Shoot aqueous extract of *Manihot esculenta* Crantz（cassava）acts as a protective agent against paracetamol-induced liver injury [J]. *Natural Product Research*，2021，35（22）：4724-4728.

[7] 王颖，张雅媛，尚小红，等. 食用木薯的营养价值及其保健功效研究进展[J]. 安徽农业科学，2019，47（11）：22-24.

14 五 彩 芋

【植物基源与形态】

五彩芋 [*Caladium bicolor*（Ait.）Vent.] 为天南星科（Araceae）五彩芋属植物，原产于南美洲的亚马孙河流域，在我国的广东、福建、台湾、云南等省区有广泛栽培。五彩芋块茎呈扁球形。叶柄光滑，长 15～25 cm，为叶片长的 3～7 倍，上部被白粉；叶片表面满布各色透明或不透明斑点，背面粉绿色，戟状卵形至卵状三角形。佛焰苞管部卵圆形，长约 3 cm，外面绿色，内面绿白色，基部呈青紫色；檐部长约 5 cm，凸尖，白色[1]（图 14-1）。

图 14-1　五彩芋（*Caladium bicolor*）

【化学成分】

五彩芋中含有生物碱类、类固醇类、单宁类、类黄酮类、酚类、还原糖、皂苷类等多种化学成分[2-4]。

【药理作用】

五彩芋叶的提取物具有止泻作用，其作用机制可能是拮抗肠的毒蕈碱受体及激动肠的 α_2-肾上腺素受体[2]。此外，五彩芋叶的提取物还具有抗惊厥、抗焦虑、抗抑郁[5]和抗菌作用[3]。长期食用五彩芋有肾衰竭的风险[6]。

【应用】

五彩芋可用于治疗瘀伤、疮、水肿、烧伤、脓肿、溃疡和感染性疾病，也可用于镇静[3,7]及治疗偏头痛[8]。五彩芋的叶片色泽美丽，变种极多，常作为观赏植物[1,9]。

参 考 文 献

[1] 中国科学院中国植物志编辑委员会. 中国植物志 [M]. 北京：科学出版社，1979，13：61.

[2] Salako OA，Akindele AJ，Shitta OM，*et al.* Antidiarrhoeal activity of aqueous leaf extract of *Caladium bicolor*（Araceae）and its possible mechanisms of action [J]. *Journal of Ethnopharmacology*，2015，176：225-231.

[3] Ijeoma UF，Dickson O，Chidozie NEI，*et al.* Methanolic extract of *Caladium bicolor* leaves against selected

【应用】

文定果的果实甜美多汁且富含维生素C，具有较高的食用价值，可用于制作果酱、馅饼等[3]。在秘鲁，文定果的花和树皮可用作防腐剂，叶的煎剂可用于减轻前列腺和下肢肿胀，并可缓解胃溃疡、头痛和感冒[2, 5, 14]。在哥伦比亚，文定果花可用作镇静剂[11]。在菲律宾，文定果花可用于治疗痉挛和消化不良[3]。在墨西哥，文定果叶可用于治疗细菌感染所引起的疾病[15]。

参 考 文 献

[1] Simamora A，Santoso AW，Rahayu I，*et al*. Enzyme inhibitory，antioxidant，and antibacterial activities of ethanol fruit extract of *Muntingia calabura* Linn [J]. *Journal of Herbmed Pharmacology*，2020，9（4）：346-354.

[2] Morton JF. *Fruits of Warm Climates* [M]. Timber Press. 1987，2：65-69.

[3] Mahmood ND，Nasir NLM，Rofiee MS，*et al. Muntingia calabura*：a review of its traditional uses，chemical properties，and pharmacological observations [J]. *Pharmaceutical Biology*，2014，52（12）：1598-1623.

[4] Buhian WPC，Rubio RO，Valle DLJ，*et al*. Bioactive metabolite profiles and antimicrobial activity of ethanolic extracts from *Muntingia calabura* L. leaves and stems [J]. *Asian Pacific Journal of Tropical Biomedicine*，2016，6（8）：682-685.

[5] Zakaria ZA，Kumar GH，Zaid SNM，*et al*. Analgesic and antipyretic actions of *Muntingia calabura* leaves chloroform extract in animal models [J]. *Oriental Pharmacy & Experimental Medicine*，2007，7（1）：34-40.

[6] Zakaria ZA，Sulaiman MR，Jais AMM，*et al*. The antinociceptive activity of *Muntingia calabura* aqueous extract and the involvement of L-arginine/nitric oxide/cyclic guanosine monophosphate pathway in its observed activity in mice [J]. *Fundamental & Clinical Pharmacology*，2006，20：365-372.

[7] Zakaria ZA，Mohamed AM，Jamil NSM，*et al. In vitro* antiproliferative and antioxidant activities of the extracts of *Muntingia calabura* leaves [J]. *The American Journal of Chinese Medicine*，2012，39（1）：183-200.

[8] Preethi K，Vijayalakshmi N，Shamna R，*et al. In vitro* antioxidant activity of extracts from fruits of *Muntingia calabura* Linn. from India [J]. *Pharmacognosy Journal*，2010，2（14）：11-18.

[9] Sridhar M，Thirupathi K，Chaitanya G，*et al*. Antidiabetic effect of leaves of *Muntingia calabura* L. in normal and alloxan-induced diabetic rats [J]. *Pharmacologyonline*，2011，2：626-632.

[10] Shih CD，Chen JJ，Lee HH. Activation of nitric oxide signaling pathway mediates hypotensive effect of *Muntingia calabura* L.（Tiliaceae）leaf extract [J]. *American Journal of Chinese Medicine*，2006，34（5）：857-872.

[11] Kaneda N，Pezzuto JM，Soejarto DD，*et al*. Plant anticancer agents，XLVIII. New cytotoxic flavonoids from *Muntingia calabura* roots [J]. *Journal of Natural Products*，1991，54（1）：196-206.

[12] Chen JJ，Lee HH，Shih CD，*et al*. New dihydrochalcones and anti-platelet aggregation constituents from the leaves of *Muntingia calabura* [J]. *Planta Medica*，2007，73（6）：572-577.

[13] Bandeira GN，Camara CAGD，Moraes MMD，*et al*. Insecticidal activity of *Muntingia calabura* extracts against larvae and pupae of diamondback，*Plutella xylostella*（Lepidoptera，Plutellidae）[J]. *Journal of King Saud University - Science*，2013，25（1）：83-89.

[14] Zakaria ZA，Hassan MH，Aqmar MNHN，*et al*. Effects of various nonopioid receptor antagonists on the antinociceptive activity of *Muntingia calabura* extracts in mice [J]. *Methods and Findings in Experimental and Clinical Pharmacology*，2007，29（8）：515-520.

[15] Yasunaka K，Abe F，Nagayama A，*et al*. Antibacterial activity of crude extracts from Mexican medicinal plants and purified coumarins and xanthones [J]. *Journal of Ethnopharmacology*，2005，97（2）：293-299.

19 火 龙 果

【植物基源与形态】

火龙果[*Hylocereus undatus*（Haw.）Britt. et Rose]为仙人掌科（Cactaceae）量天尺属植物量天尺的果实，主要分布在中美洲至南美洲北部，现在世界各地有广泛栽培。量天尺为攀援肉质灌木，高5 m，具气根。茎三角形，绿色，肉质，有节，多分枝。花通常为白色，呈钟形，长25～30 cm，直径15～25 cm，于夜间开放。果实为肉质浆果，长圆形至卵圆形，长6～12 cm，厚4～9 cm；果肉白色，可食用，内含许多黑色小种子[1]（图19-1）。

图19-1 火龙果（*Hylocereus undatus*）

【化学成分】

火龙果中含有丰富的甜菜花青素类（betanin等）成分以及植物甾醇、维生素C（vitamin C）、番茄红素、植物性蛋白、果胶、脂肪酸等，还含有黄酮类及多酚类等其他化学成分[2-4]（图19-2）。

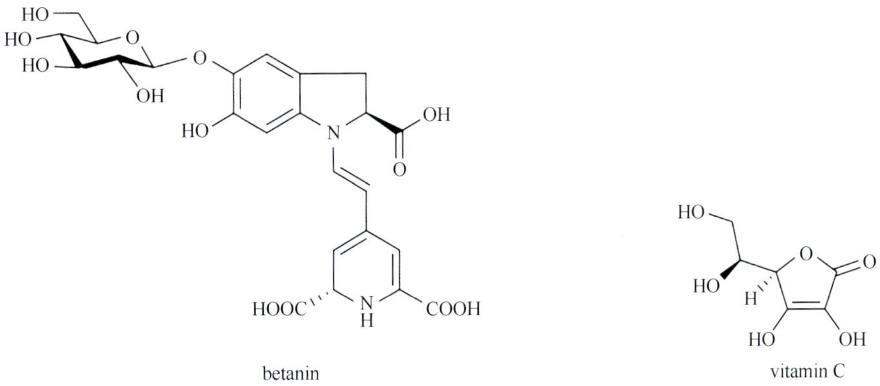

betanin

vitamin C

图19-2 火龙果中代表性化学成分的结构式

【药理作用】

火龙果可增加脂质代谢相关基因的表达，改善脂肪组织肥大，减少高脂饮食诱导的体重增加[5]，并具有抗帕金森病活性[6]。此外，火龙果还具有降血糖、抗氧化、增加血管弹性[2, 7]、平衡机体能量、改善机体代谢综合征[8]等作用。火龙果皮的超临界CO_2提取物对人胃癌MGC-803细胞、人乳腺癌Bcap-37细胞及人前列腺癌PC3细胞均具有较好的细胞毒活性，并具有DPPH自由基清除活性[9]。此外，火龙果提取物还可通过下调雌激素受体基因的表达，发挥抑制乳腺癌细胞生长、促进乳腺癌细胞凋亡的作用[7]。

临床研究报道，常规护理基础上加食火龙果能够预防脑卒中患者便秘[10]、降低急性心肌梗死患者便秘及并发症的发生率[11]，可提高患者的生命质量。

【应用】

火龙果的果皮可用作着色剂[3]，果实可鲜食[1]或制作成果酱、果醋、果酒、果脯、果冻、罐头等产品[2]，还可作为营养食品配方使用[3]。

参 考 文 献

[1] 中国科学院中国植物志编辑委员会. 中国植物志 [M]. 北京：科学出版社，1999，52：283.

[2] Anu V，Sarath D，Sneha PK. *In-vitro* anti-oxidant studies of macerated ethanolic and aqueous extract of *Hylocereus undatus* fruits [J]. *International Journal of Pharmacognosy*，2019，6（9）：319-322.

[3] Joshi M，Prabhakar B. Phytoconstituents and pharmaco-therapeutic benefits of pitaya：A wonder fruit [J]. *Journal of Food Biochemistry*，2020，44（7）：e13260.

[4] Van MP，Duc DT，Thanh HDT，*et al*. Comparison of ultrasound assisted extraction and enzyme assisted extraction of betacyanin from red dragon fruit peel [J]. *E3S Web of Conferences*，2020，187：04004.

[5] Song H，Chu Q，Xu D，*et al*. Purified betacyanins from *Hylocereus undatus* peel ameliorate obesity and insulin resistance in high-fat-diet-fed mice [J]. *Journal of Agricultural and Food Chemistry*，2016，64（1）：236-244.

[6] Kanchana P，Devi SKSV，Latha PP，*et al*. Phytochemical evaluation and pharmacological screening of anti-parkinson's and laxative activities of *Hylocereus undatus*（White Pitaya）in rodents [J]. *IOSR Journal of Pharmacy*，2018，8（4）：78-92.

[7] de Almeida Bauer Guimaraes D，dos Santos Bonfim De Castro D，Leite de Oliveira F，*et al*. Pitaya extracts induce growth inhibition and proapoptotic effects on human cell lines of breast cancer via downregulation of estrogen receptor gene expression [J]. *Oxidative Medicine and Cellular Longevity*，2017，7865073：1-13.

[8] Ramli NS，Ismail P，Rahmat A. Red pitaya juice supplementation ameliorates energy balance homeostasis by modulating obesity-related genes in high-carbohydrate，high-fat diet-induced metabolic syndrome rats [J]. *BMC Complementary and Alternative Medicine*，2016，16（1）：243.

[9] Luo H，Cai Y，Peng Z，*et al*. Chemical composition and *in vitro* evaluation of the cytotoxic and antioxidant activities of supercritical carbon dioxide extracts of pitaya（dragon fruit）peel [J]. *Chemistry Central Journal*，2014，8（1）：1.

[10] 吴宇琳，胡芳芳，谭文惠，等. 食用火龙果预防脑卒中患者便秘的效果观察 [J]. 中国医疗前沿，2011，6（15）：80+69.

[11] 刘琳. 急性心肌梗死患者食用火龙果预防便秘的应用研究 [J]. 中西医结合心血管病电子杂志，2019，7（12）：67+70.

20 火 莓

【植物基源与形态】

火莓（*Urera caracasana* Griseb.）为荨麻科（Urticaceae）红珠麻属植物，主要分布于南美洲，如巴西、玻利维亚、秘鲁、厄瓜多尔等国家地区。火莓为灌木或小乔木，有时可高达 10 m；树干直径约 25 cm，可不分枝长达 3 m；茎枝密被刺毛。叶薄，叶片卵形至卵状长圆形，两面均具疏柔毛，叶柄纤细。浆果球状，幼时绿色，成熟时红色[1, 2]（图20-1）。

图20-1　火莓（*Urera caracasana*）

【应用】

火莓可用于治疗头痛、肺病、胃痛、腹泻、肌痛等[2]。在巴西，火莓常被用来治疗出血及丹毒[3]。

参 考 文 献

[1] De la Torre L，Navarrete H，Muriel P，*et al. Enciclopedia de las Plantas Útiles del Ecuador*［M］. Ecuador：Herbario QCA de la Escuela de Ciencias Biológicas de la Pontificia Universidad Católica del Ecuador & Herbario AAU del Departamento de Ciencias Biológicas de la Universidad de Aarhus，2008，611.

[2] http：//tropical.theferns.info/viewtropical.php?id=Urera+caracasana

[3] DeFilipps RA，Maina SL，Crepin J. *Medicinal plants of the Guianas*（*Guyana*，*Surinam*，*French Guiana*）［M］. Washington，DC：Department of Botany，National Museum of Natural History，Smithsonian Institution，2004，280.

21 可 可

图 21-1 可可（*Theobroma cacao*）

【植物基源与形态】

可可[*Theobroma cacao*（L.）]为锦葵科（Malvaceae）可可属植物，原产于南美洲，现广泛栽培于世界各地的热带地区。可可树为矮小的常绿乔木，其树冠呈球状，通常高约8～10 m。果实呈浆果状，果肉甜且黏稠，每颗果实含有25～75粒可可籽。种子通常为白色，在干燥过程中会变成紫色或红棕色。经干燥、发酵和烘焙的种子被称为可可豆，是可可粉、巧克力和可可脂的来源[1, 2]（图21-1）。

【化学成分】

可可中富含可可碱（theobromine）、咖啡因（caffeine）等生物碱类化合物[3]，以及儿茶素（catechin）、表儿茶素（epicatechin）、花青素（anthocyanin）等多酚类成分[4, 5]。此外，还含有少量的甾体类、萜类及其皂苷类化合物（图21-2）。

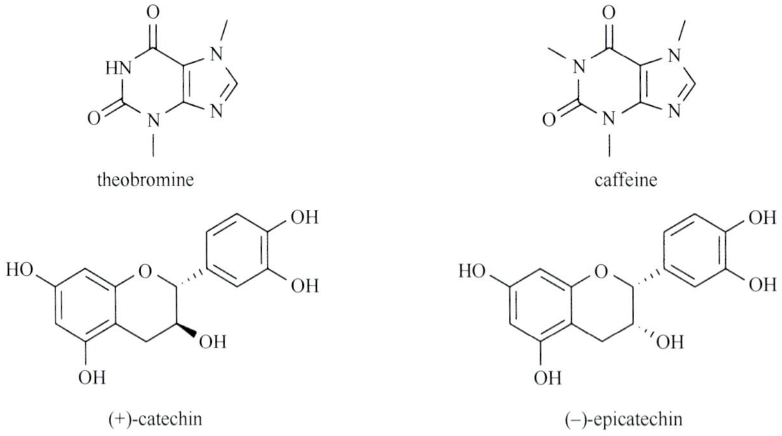

theobromine

caffeine

(+)-catechin

(−)-epicatechin

图 21-2　可可中代表性化学成分的结构式

【药理作用】

可可种子的含水醇提取物具有抗肿瘤作用[6]。可可豆壳发酵后的粗提物对酿酒酵母

（*Saccharomyces cerevisiae*）、担子菌（*Moniliophthora perniciosa*）、铜绿假单胞菌（*Pseudomonas aeruginosa*）和猪霍乱沙门菌（*Salmonella choleraesuis*）具有一定的抗菌活性[7]。可可中的多酚类成分具有抗氧化、抗血小板、抗炎、降压及抗动脉粥样硬化作用[5]。适量摄入巧克力，有助于保护心脑血管系统，预防心肌梗死[8]。饮用可可饮料可增加人红细胞对氧化应激的抗性[9]。

【应用】

可可是一种非常重要的经济植物，其种子通常被用来生产可可粉和巧克力[1]。自16世纪起，可可被用于治疗疲劳、发热、哮喘、消瘦及改善胃肠功能。可可的树皮、油（可可脂）、叶子和花的制剂还被用于治疗烧伤、肠功能障碍、割伤、皮肤过敏等疾病[10]。在尼日利亚，可可树的种子、根和茎还被用作利尿剂、镇痛剂及抗炎药，用于治疗牙痛、麻疹、疟疾等[11]。

参 考 文 献

[1] 中国科学院中国植物志编辑委员会.中国植物志[M].北京：科学出版社，1984，49：169.

[2] Kim J，Lee KW，Lee HJ. *Cocoa*（*Theobroma cacao*）*seeds and phytochemicals in human health* [M]. Nuts & Seeds in Health and Disease Prevention Academic Press，2011，351-360.

[3] Maciel LF，Felício ALSM，Hirooka EY. Bioactive compounds by UPLC-PDA in different cocoa clones（*Theobroma cacao* L.）developed in the Southern region of Bahia，Brazil [J]. *British Food Journal*，2017，119（9）：2117-2127.

[4] 吴桂苹，刘红，赵建平.可可活性成分的研究概况[J].热带农业科学，2009，29（3）：51-55.

[5] Aprotosoaie AC，Miron A，Trifan A，*et al*. The cardiovascular effects of cocoa polyphenols—an overview [J]. *Diseases*，2016，4（4）：39.

[6] Ebuehi OAT，Anams C，Gbenle OD，*et al*. Hydro-ethanol seed extract of *Theobroma cacao* exhibits antioxidant activities and potential anticancer property [J]. *Journal of Food Biochemistry*，2019，43（4）：12767.

[7] Santos RX，Oliveira DA，Brendel M，*et al*. Antimicrobial activity of fermented *Theobroma cacao* pod husk extract [J]. *Genetics and Molecular Research*，2014，13（3）：7725-7735.

[8] Gianfredi V，Salvatori T，Villarini M，*et al*. Can chocolate consumption reduce cardio-cerebrovascular risk? A systematic review and meta-analysis chocolate intake and cardio-cerebrovascular risk [J]. *Nutrition*，2018，46：103-114.

[9] Zhu QY，Schramm DD，Gross HB，*et al*. Influence of cocoa flavanols and procyanidins on free radical-induced human erythrocyte hemolysis [J]. *Clinical & Devlopmental Immunology*，2005，12（1）：27-34.

[10] Dillinger TL，Barriga P，Escárcega S，*et al*. Food of the gods：cure for humanity? A cultural history of the medicinal and ritual use of chocolate [J]. *Journal of Nutrition*，2000，130（8S）：2057S-2072S.

[11] Oyeleke SA，Ajayi AM，Umukoro S，*et al*. Anti-inflammatory activity of *Theobroma cacao* L. stem bark ethanol extract and its fractions in experimental models [J]. *Journal of Ethnopharmacology*，2018，222：239-248.

22 龙　葵

【植物基源与形态】

龙葵［*Solanum nigrum*（L.）］为茄科（Solanaceae）茄属植物，广泛分布于欧、亚、美洲的温带至热带地区。龙葵为一年生直立草本，高 0.25～1 m。茎绿色或紫色；叶卵形，先端短尖，基部楔形至阔楔形；花序腋外生，蝎尾状，花梗近无毛或具短柔毛；花冠白色，裂片卵圆形，花丝短，花药黄色，子房卵形；果实呈球形，深绿色，无光泽，成熟时呈暗黑色，含有黄色到深棕色的木质种子[1, 2]（图22-1）。

图22-1　龙葵（*Solanum nigrum*）

【化学成分】

龙葵中主要含有 solasonine、solamargine、solanigroside P 等生物碱类化合物，还含有甾体（spirost-5-ene-3*β*, 12*β*-diol 等）及其苷类、有机酸类、黄酮类等其他化学成分[3-6]（图22-2）。

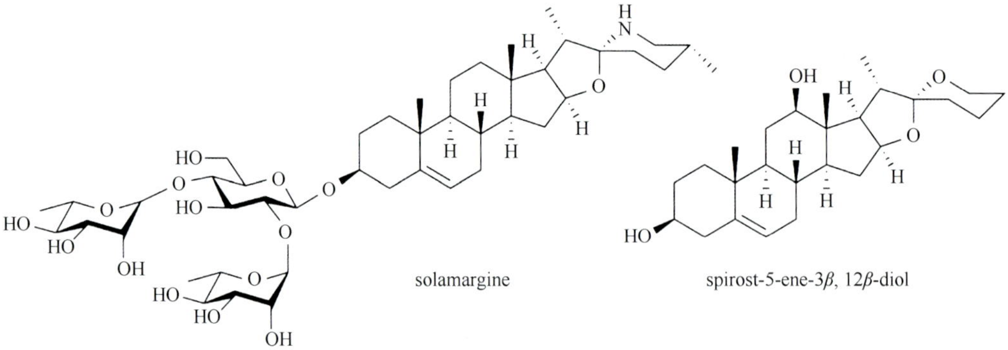

solamargine　　　　spirost-5-ene-3*β*, 12*β*-diol

图22-2　龙葵中代表性化学成分的结构式

【药理作用】

龙葵叶的水提取物对乳腺癌 AU565 细胞有显著的细胞毒作用[6]，并可通过抑制肿瘤细胞迁移、抑制肿瘤细胞的有氧糖酵解而发挥抗肿瘤活性[7]。从龙葵中分离得到的甾体皂苷类成分 solamargine 和 degalactotigonin 对胃癌 MGC-803 细胞、胰腺癌 PANC1 细胞及肺癌 A549 细胞等均具有较强的细胞毒活性[3, 4]。龙葵浆果的甲醇提取物对角叉菜胶引起的大鼠足肿胀具有良好的抗炎作用[8]，而其水提取物或甲醇水提取物在体外可淬灭自由基，并减轻谷氨酸诱导的大鼠星形胶质细胞损伤，显示出显著的抗氧化活性[9]。

【应用】

在世界大多数地区，特别是在欧洲和北美洲，龙葵被认为是农业杂草，但在许多发展中国家，则是一种粮食作物，其嫩枝和浆果不仅可作为蔬菜和水果食用，还具有医药用途[2]。在南亚地区，龙葵被广泛用于民间传统医药，具解热、利尿、抗癌和保肝作用[6]。

参 考 文 献

[1] 中国科学院中国植物志编辑委员会. 中国植物志 [M]. 北京：科学出版社，1978，67：76.

[2] Jagatheeswari D，Bharathi T，Ali HSJ. Black night shade（*Solanum nigrum* L.）-an updated overview [J]. *International Journal of Pharmaceutical and Biological Archives*，2013，4（2）：288-295.

[3] Ding X，Zhu F，Yang Y，*et al*. Purification，antitumor activity *in vitro* of steroidal glycoalkaloids from black nightshade（*Solanum nigrum* L.）[J]. *Food Chemistry*，2013，141（2）：1181-1186.

[4] Tuan Anh HL，Tran PT，Thao DT，*et al*. Degalactotigonin，a steroidal glycoside from *Solanum nigrum*，induces apoptosis and cell cycle arrest via inhibiting the EGFR signaling pathways in pancreatic cancer cells [J]. *Biomed Research International*，2018，Article ID 3120972.

[5] Cai XF，Chin YW，Oh SR，*et al*. Anti-inflammatory constituents from *Solanum nigrum* [J]. *Bulletin of the Korean Chemical Society*，2010，31（1）：199-201.

[6] Huang HC，Syu KY，Lin JK. Chemical composition of *Solanum nigrum* linn extract and induction of autophagy by leaf water extract and its major flavonoids in AU565 breast cancer cells [J]. *Journal of Agricultural and Food Chemistry*，2010，58（15）：8699-8708.

[7] Ling B，Xiao S，Yang J，*et al*. Probing the antitumor mechanism of *Solanum nigrum* L. aqueous extract against human breast cancer MCF7 cells [J]. *Bioengineering*，2019，6（4）：112.

[8] Ravi V，Mohamed Saleem TS，*et al*. Anti-inflammatory effect of methanolic extract of *Solanum nigrum* Linn berries [J]. *International Journal of Applied Research in Natural Products*，2009，2（2）：33-36.

[9] Campisi A，Acquaviva R，Raciti G，*et al*. Antioxidant activities of *Solanum nigrum* L. Leaf extracts determined in *in vitro* cellular models [J]. *Foods*，2019，8（2）：63.

【应用】

瓜尤茶可用于治疗风湿、哮喘、性病、坏血病、高血压、腹泻、头痛胃痛、肌肉疼痛、流感等。此外，瓜尤茶还可用于治疗不育症、糖尿病等[1-4]。

参 考 文 献

[1] Radice M，Cossio N，Scalvenzi L. *Ilex guayusa*：A systematic review of its traditional uses，chemical constituents，biological activities and biotrade opportunities [C]. *MOL2NET 2016*，*International Conference on Multidisciplinary Sciences*，2nd Edition. 2017.

[2] Sequeda-Castaeda LG，Costa GM，Celis C，*et al*. *Ilex guayusa*（Aquifoliaceae）：Amazon and Andean native plant [J]. *Pharmacologyonline*，2016，3（1）：193-202.

[3] Dueñas JF，Jarrett C，Cummins I，*et al*. *Amazonian Guayusa*（*Ilex guayusa* Loes.）：A historical and ethnobotanical overview [J]. *Economic Botany*，2016，70（1）：85-91.

[4] Wise G，Negrin A. A critical review of the composition and history of safe use of *guayusa*：a stimulant and antioxidant novel food [J]. *Critical Reviews in Food Science & Nutrition*，2020，60（14）：2393-2404.

[5] García-Ruiz A，Baenas N，Benítez-González AM，*et al*. Guayusa（*Ilex guayusa* L.）new tea：phenolic and carotenoid composition and antioxidant capacity [J]. *Journal of the Science of Food and Agriculture*，2017，97（12）：3929-3936.

[6] Cadena-Carrera S，Tramontin DP，Cruz AB，*et al*. Biological activity of extracts from *guayusa* leaves（*Ilex guayusa* Loes.）obtained by supercritical CO_2 and ethanol as cosolvent [J]. *The Journal of Supercritical Fluids*，2019，152：104543.

[7] Villacís-Chiriboga J，García-Ruiz A，Baenas N，*et al*. Changes in phytochemical composition，bioactivity and *in vitro* digestibility of *guayusa* leaves（*Ilex guayusa* Loes.）in different ripening stages [J]. *Journal of the Science of Food and Agriculture*，2018，98（5）：1927-1934.

26 印加豆

【植物基源与形态】

印加豆（*Inga edulis* Mart.）为豆科（Fabaceae）印加树属植物，别名伊豆，原产于中美洲和南美洲，广泛分布于巴西、墨西哥、阿根廷等国[1-3]（图26-1）。

【化学成分】

印加豆中主要含有黄酮类（epicatechin、ingacamerounol等）化合物，还含有萜类〔羽扇豆醇（lupeol）等〕及花青素类等其他化学成分[2-5]（图26-2）。

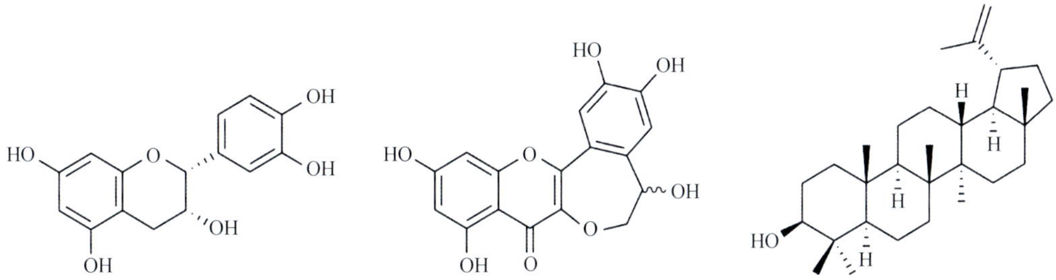

图26-1 印加豆（*Inga edulis*）

epicatechin   ingacamerounol   lupeol

图26-2 印加豆中代表性化学成分的结构式

【药理作用】

印加豆叶的醇提取物具有抗氧化活性，对乙醇所引起的溃疡有修复作用[2, 4, 6]。印加籽中的多肽类成分IETI对假丝酵母具有抗真菌活性[7]。此外，印加豆还有抗炎、抗腹泻、抗风湿、抗糖尿病、抗疟疾等作用[2-4]。

【应用】

印加豆可用作燃料、建筑材料和食品。印加豆树皮可促伤口愈合，花朵和果实可用于治疗神经系统疾病，叶可用于治疗感冒[1]。

参 考 文 献

[1] De la Torre L，Navarrete H，Muriel P，*et al. Enciclopedia de las Plantas Útiles del Ecuador*（*con extracto de datos*）[M]. Herbario QCA de la Escuela de Ciencias Biológicas de la Pontificia Universidad Católica del Ecuador & Herbario AAU del Departamento de Ciencias Biológicas de la Universidad de Aarhus，2008，351.

[2] Alves GAD，Fernandes da Silva D，Venteu Teixeira T. Obtainment of an enriched fraction of *Inga edulis*：identification using UPLC-DAD-MS/MS and photochemopreventive screening [J]. *Preparative Biochemistry & Biotechnology*，2020，50（1）：28-36.

[3] Tchuenmogne AMT，Donfack EV，Kongue MDT，et al. Ingacamerounol，a new flavonol and other chemical constituents from leaves and stem bark of *Inga edulis* Mart [J]. *Bulletin of the Korean Chemical Society*，2013，34（12）：3859-3862.

[4] Lima NM，Andrade TJAS，Silva DHS. Dereplication of terpenes and phenolic compounds from *Inga edulis* extracts using HPLC-SPE-TT，RP-HPLC-PDA and NMR spectroscopy [J]. *Natural Product Research*，2022，36（1）：488-492.

[5] Lima NM，Falcoski TOR，Silveira RS，*et al. Inga edulis* fruits：a new source of bioactive anthocyanins [J]. *Natural Product Research*，2020，34（19）：2832-2836.

[6] Pompeu DR，Rogez H，Monteiro KM，*et al.* Antioxidant capacity and pharmacologic screening of crude extracts of *Byrsonima crassifolia* and *Inga edulis* leaves [J]. *Acta Amazonica*，2012，42（1）：165-172.

[7] Dib HX，de Oliveira DGL，de Oliveira CFR，*et al.* Biochemical characterization of a Kunitz inhibitor from *Inga edulis* seeds with antifungal activity against *Candida* spp. [J]. *Archives of Microbiology*，2019，201（2）：223-233.

圭亚那鸽枣

【植物基源与形态】

圭亚那鸽枣（*Tapirira guianensis* Aubl.）为漆树科（Anacardiaceae）植物，主要分布于南美洲。圭亚那鸽枣为常绿乔木，树冠浓密，通常高8～14 m[1]（图27-1）。

【化学成分】

圭亚那鸽枣中主要含有长链烷基取代酚或环己酮类{2-[10(*Z*)-heptadecenyl]-1, 4-hydroquinone、1, 4, 6-trihydroxy-1, 2′-epoxy-6-[10′(*Z*)-heptadecenyl]-2-cyclohexene等}、长链烷

图27-1 圭亚那鸽枣（*Tapirira guianensis*）

基取代苯丙素类（docosyl ferulate等）、黄酮类（canferol 3-α-rhamnoside等）和萜类化合物，此外，还含有鞣质类、香豆素类、甾体类、生物碱类等其他化学成分[2-6]（图27-2）。

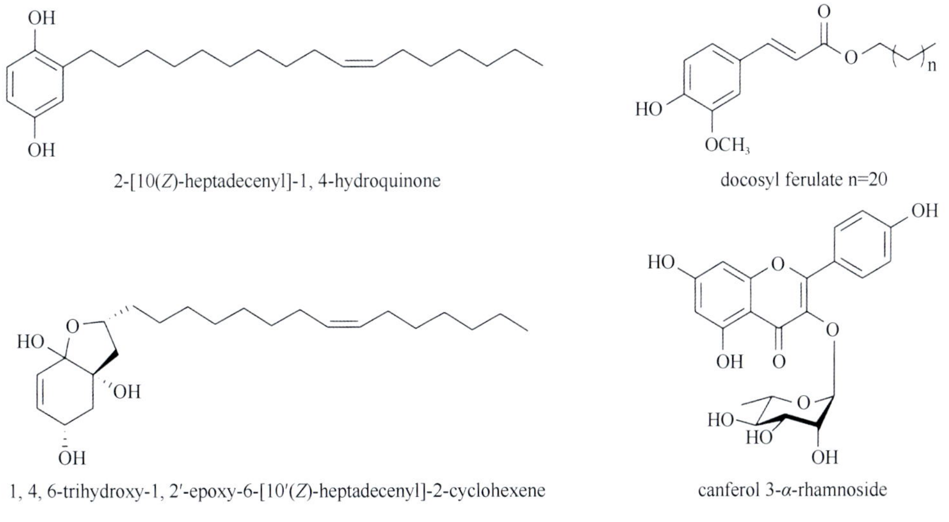

2-[10(*Z*)-heptadecenyl]-1, 4-hydroquinone

docosyl ferulate n=20

1, 4, 6-trihydroxy-1, 2′-epoxy-6-[10′(*Z*)-heptadecenyl]-2-cyclohexene

canferol 3-α-rhamnoside

图27-2 圭亚那鸽枣中代表性化学成分的结构式

【药理作用】

圭亚那鸽枣树皮的二氯甲烷提取物对恶性疟原虫、皮肤利什曼原虫具有杀虫活性，对金

黄色葡萄球菌具有抗菌活性[3]。其茎皮的水提物对小鼠、鱼均具有较强的毒性，还对蟾蜍心脏表现出刺激作用[7]。其种子的氯仿提取物对人前列腺癌细胞具有细胞毒活性，从中分离得到的2-[10(Z)-heptadecenyl]-1, 4-hydroquinone 对人肺癌、前列腺癌、乳腺癌等多种细胞具有细胞毒活性[2]。

【应用】

在巴西，圭亚那鸽枣树皮和叶子的煎剂可用于治疗麻风病、腹泻、梅毒和疟疾[6, 8]。在法属圭亚那，圭亚那鸽枣的汁液常被用于治疗鹅口疮、真菌或细菌感染以及皮肤利什曼病[1, 3]。

参 考 文 献

[1] https：//tropical.theferns.info/viewtropical.php?id=Tapirira+guianensis

[2] David JM，Chavez JP，Chai HB，*et al*. Two new cytotoxic compounds from *Tapirira guianensis* [J]. *Journal of Natural Products*，1998，61（2）：287-289.

[3] Roumy V，Fabre N，Portet B，*et al*. Four anti-protozoal and antibacterial compounds from *Tapirira guianensis* [J]. *Phytochemistry*，2009，70（2）：305-311.

[4] Suzimone JC，Juceni PD，Jorge MD. Constituents of the bark of *Tapirira guianensis*（Anacardiaceae）[J]. *Quimica Nova*，2003，26（1）：36-38.

[5] Correia SJ，Davidi JM，Silva EP，*et al*. Flavonoids，norisoprenoids and other terpenes from leaves of *Tapirira guianensis* [J]. *Química Nova*，2008，31（8）：2056-2059.

[6] Longatti TR，Cenzi G，Lima LARS，*et al*. Inhibition of gelatinases by vegetable extracts of the species *Tapirira guianensis*（stick pigeon）[J]. *British Journal of Pharmaceutical Research*，2011，1（4）：133-140.

[7] Barros GG，Matos FJA，Vieira JEV，*et al*. Pharmacological screening of some Brazilian plants [J]. *Journal of Pharmacy and Pharmacology*，1970，22（2）：116-122.

[8] Deharo E，Bourdy G，Quenevo C，*et al*. A search for natural bioactive compounds in Bolivia through a multidisciplinary approach Part V. Evaluation of the antimalarial activity of plant used by the Tacana Indians [J]. *Journal of Ethnopharmacology*，2001，77（1）：91-98.

28 死 藤

【植物基源与形态】

死藤（*Diplopterys cabrerana*（Cuatrec.）B. Gates）是金虎尾科（Malpighiaceae）隐背藤属植物，为热带雨林中的攀缘灌木，分布于南美洲巴西、哥伦比亚、厄瓜多尔、秘鲁等国家地区[1]（图28-1）。

【化学成分】

死藤中主要含有*N, N*-二甲基色胺（*N, N*-dimethyltryptamine，DMT）、*N*-甲基色胺（*N*-methyltryptamine）等生物碱类化合物[2, 3]。此外，还含有三萜类、黄酮类、皂苷类、蒽醌类、酚类等其他化学成分[4]（图28-2）。

图28-1　死藤（*Diplopterys cabrerana*）

N, N-dimethyltryptamine (DMT)　　　*N*-methyltryptamine

图28-2　死藤中代表性化学成分的结构式

【药理作用】

研究表明，死藤提取物单独使用时对大鼠的作用较弱，但与卡披木（*Banisteriopsis caapi*）配制成混合物后，对大鼠的精神具有较大影响，如运动功能减退、下肢运动丧失、剧烈抽搐、面部震颤、易怒、痉挛等，并可使其大脑、小脑中神经元和神经胶质细胞减少，使其肝脏组织结构紊乱、发生脂肪变性及充血等[4]。

【应用】

死藤常代替绿九节（*Psychotria viridis*）或与其联合用于制作亚马孙部落的致幻饮料ayahuasca[2-5]。

参 考 文 献

[1] http：//tropical.theferns.info/viewtropical.php?id=Diplopterys+cabrerana

[2] Lesiak AD，Musah RA. Application of ambient ionization high resolution mass spectrometry to determination of the botanical provenance of the constituents of psychoactive drug mixtures [J]. *Forensic Science International*，2016，266：271-280.

[3] Malcolm BJ，Lee KC. Ayahuasca：An ancient sacrament for treatment of contemporary psychiatric illness? [J]. *The Mental Health Clinician*，2017，7（1）：39-45.

[4] Castro A，Ramos N，Rojas-Armas J，*et al.* Psychoactive and organic effects of *Banisteriopsis caapi* and *Diplopteris cabrerana*（Cuatrec.）B. gates in rats [J]. *Research Journal of Medicinal Plants*，2017，11（3）：86-92.

[5] Riba J，Mcllhenny EH，Valle M，*et al.* Metabolism and disposition of *N*，*N*-dimethyltryptamine and harmala alkaloids after oral administration of ayahuasca [J]. *Drug Testing and Analysis*，2012，4（7-8）：610-616.

29 光叶子花

【植物基源与形态】

光叶子花（*Bougainvillea glabra* Choisy）是紫茉莉科（Nyctaginaceae）叶子花属植物，原产于南美洲，在我国多有栽培。光叶子花为多刺的藤状灌木，茎长可达7 m，叶片纸质，呈卵形，顶端急尖或渐尖，长5～13 cm，宽3～6 cm。花呈苞片叶状，紫色或洋红色，长约2.5～3.5 cm，宽约2 cm，纸质[1, 2]（图29-1）。

图29-1 光叶子花（*Bougainvillea glabra*）

【化学成分】

光叶子花中主要含有黄酮及其苷类［槲皮素（quercetin）等］、酚酸类、三萜皂苷类（momordin IIc等）、挥发油类［（*E*）-nerolidol等］、甜菜花青素类（bougainvillein v等）化学成分[3-6]（图29-2）。

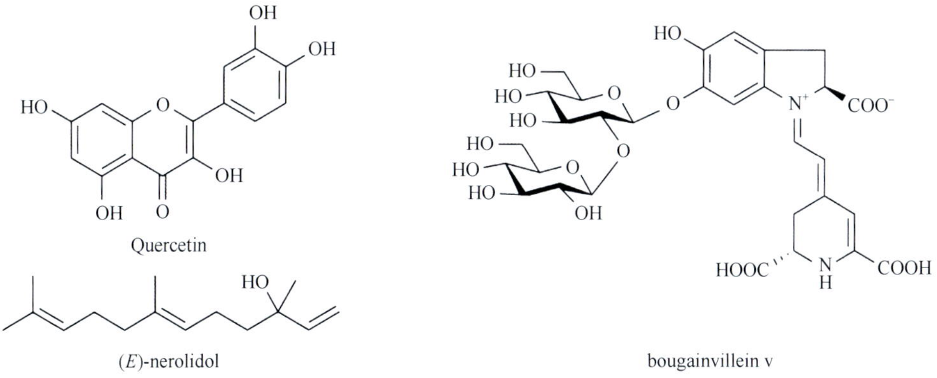

Quercetin

(*E*)-nerolidol

bougainvillein v

图29-2 光叶子花中代表性化学成分的结构式

【药理作用】

光叶子花的提取物对胆碱酯酶、α-葡萄糖苷酶、脲酶具有较好的抑制作用[3]，并具有一定的抗氧化活性[3, 7]，其对金黄色葡萄球菌、蜡样芽孢杆菌、大肠埃希菌也具有一定的抑菌作用[7]。光叶子花的提取物还可抑制角叉菜胶诱导的大鼠足肿胀[5, 8]，并具有中枢和外周镇痛作用及解热作用[8]。此外，光叶子花的提取物还对百草枯诱导的神经毒性具有潜在的神经保护作用[9]、对异丙肾上腺素所致大鼠心肌坏死具有保护作用[10]、对高脂饮食或Triton诱导的高脂血症大鼠有降血脂作用[11,12]、对链脲佐菌素诱导的高血糖大鼠有降血糖作用[13]，并具有骨骼肌松弛活性[14]及体外抗尿结石活性[15]。

【应用】

光叶子花常用于治疗腹泻、胃酸、肥胖、咳嗽、喉咙痛、肝炎等[12]。

参 考 文 献

[1] http://tropical.theferns.info/viewtropical.php?id=Bougainvillea+glabra

[2] 中国科学院中国植物志编委会.中国植物志[M].北京：科学出版社，1996，26：6.

[3] Saleem H，Htar TT，Naidu R，et al. Phytochemical profiling，antioxidant，enzyme inhibition and cytotoxic potential of *Bougainvillea glabra* flowers[J]. *Natural Product Research*，2020，34（18）：2602-2606.

[4] Heuer S，Richter S，Metzger JW，et al. Betacyanins from bracts of *Bougainvillea glabra*[J]. *Phytochemistry*，1994，37（3）：761-767.

[5] Ogunwande IA，Avoseh ON，Olasunkanmi KN，et al. Chemical composition，anti-nociceptive and anti-inflammatory activities of essential oil of *Bougainvillea glabra*[J]. *Journal of Ethnopharmacology*，2019，232：188-192.

[6] Simon A，Toth G，Duddeck H，et al. Glycosides from *Bougainvillea glabra*[J]. *Natural Product Research*，2006，20（1）：63-67.

[7] Hossain MT，Islam MZ，Hossen F，et al. In-vitro antioxidant and antimicrobial activity of *Bougainvillea glabra* Flower[J]. *Research Journal of Medicinal Plants*，2016，10（3）：228-236.

[8] Elumalai A，Eswaraiah MC，Lahari KM，et al. In-vivo screening of *Bougainvillea glabra* leaves for its analgesic，antipyretic and anti-inflammatory activities[J]. *Asian Journal of Pharmaceutical Sciences*，2012，2（3）：85-87.

[9] Soares JJ，Rodrigues DT，Goncalves MB，et al. Paraquat exposure-induced parkinson's disease-like symptoms and oxidative stress in *Drosophila melanogaster*：neuroprotective effect of *Bougainvillea glabra* Choisy[J]. *Biomedicine & Pharmacotherapy*，2017，95：245-251.

[10] Krishna RG，Sundara Rajan R. Cardioprotective and antioxidant effects of *Bougainvillea glabra* against isoproterenol induced myocardial necrosis in albino rats[J]. *International Journal of Phytomedicine*，2018，10（1）：45-57.

[11] Garg B，Srivastava NM，Srivastava S，et al. Antihyperlipidemic effect of *Bougainvillea glabra* leaves in high fat diet induced hyperlipidemic rats[J]. *Current Research in Biological and Pharmaceutical Sciences*，2015，4（6）：12-16.

[12] Garg B，Srivastava NM，Srivastava S. Antihyperlipidemic effect of *Bougainvillea glabra* leaves in triton wr-1339 induced hyperlipidemic rats[J]. *Der Pharmacia Lettre*，2015，7（7）：187-190.

[13] Verma P，Sehrawat S，Chaudhary H，et al. Screening of herbal leaves extract of *Bougainvillea glabra* for diabetic nephropathy in rats[J]. *International Research Journal of Pharmacy*，2016，7（6）：58-62.

[14] Saleem H，Zengin G，Ahmad I，et al. Skeletal muscle relaxant activity of *Bougainvillea glabra* leaves in swiss albino mice[J]. *Journal of Pharmaceutical and Biomedical Analysis*，2019，170：132-138.

[15] Rajeswari P，Priya K，Bhanusree. In vitro evaluation of anti-urolithiatic activity of aqueous extract of *Bougainvillea glabra*（leaves）[J]. *International Journal of Pharmacy and Pharmaceutical Research*，2018，12（3）：409-421.

30 吊 竹 梅

【植物基源与形态】

吊竹梅（*Tradescantia zebrina* Bosse）为鸭跖草科（Commelinaceae）紫露草属植物，原产于墨西哥。吊竹梅为多年生蔓性草本，蔓长30～50 cm。叶长卵形，互生，先端尖，基部钝；叶面光滑，叶色多变，绿色带白色条纹或紫红色，叶背淡紫红色。花玫瑰色。蒴果[1]（图30-1）。

图30-1　吊竹梅（*Tradescantia zebrina*）

【化学成分】

吊竹梅叶中含有花青素类（zebrinin等）[2]、黄酮类[芹菜素（apigenin）等][3]、有机酸类、甾醇类[4]、单宁[5]、皂苷类、生物碱类[6]等多种化学成分（图30-2）。

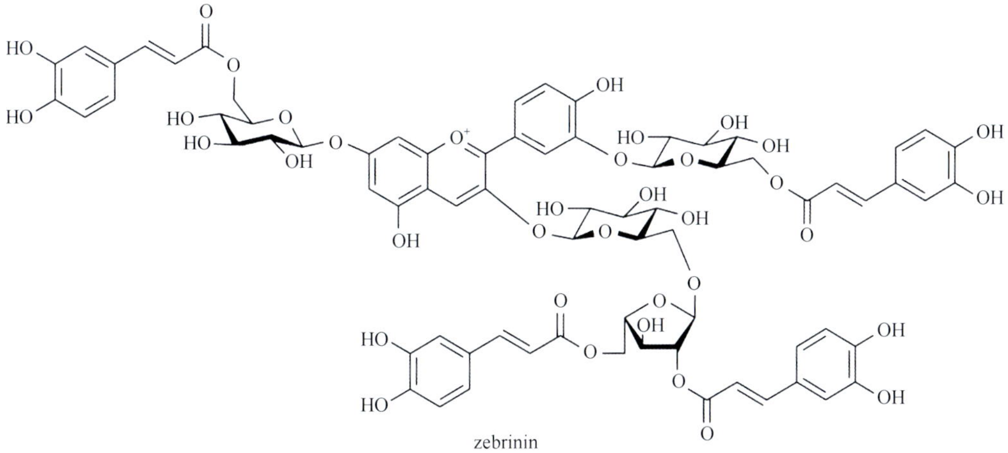

zebrinin

图30-2　吊竹梅中代表性化学成分的结构式

【药理作用】

在糖尿病肾损伤小鼠模型中，吊竹梅水提取物可通过降低血糖、纠正糖脂代谢紊乱、改善氧化应激及减轻炎症损伤来发挥肾保护作用[7]。吊竹梅的甲醇提取物具有抗氧化、抗菌[4]、抗15-脂氧化酶[5]和胆碱酯酶抑制活性[3]，其己烷提取物具有抗锥体虫活性[8]。

【应用】

吊竹梅枝叶匍匐悬垂，叶色丰富，常用作观赏性植物[1]。吊竹梅全草可入药，具有清热解毒、凉血止血、利尿等功效[9]。在墨西哥传统医学中，吊竹梅常被用于治疗胃肠疾病[10]。在秘鲁农村，吊竹梅也被用于杀虫[8]。现代研究表明，吊竹梅可用作天然染料和pH指示剂[6]。

参 考 文 献

[1] 中国科学院中国植物志编辑委员会. 中国植物志[M]. 北京：科学出版社，2000，24：38.

[2] Idaka E，Ohashi Y，Ogawa T，*et al.* Structure of zebrinin，a novel acylated anthocyanin isolated from *Zebrina pendula*[J]. *Tetrahedron Letters*，1987，28(17)：1901-1904.

[3] Cheah SY，Magdalene CY，Eldwin LCZ. *et al. In vitro* antioxidant and acetylcholinesterase inhibitory activities of *Tradescantia zebrine*[J]. *Research Journal of Pharmaceutical，Biological and Chemical Sciences*，2017，8(1)：82-87.

[4] Tan JBL，Yap WJ，Tan SY，*et al.* Antioxidant content，antioxidant activity，and antibacterial activity of five plants from the Commelinaceae family[J]. *Antioxidants*，2014，3(4)：758-769.

[5] Alaba CSM，Chichioco-hernandez CL. 15-Lipoxygenase inhibition of *Commelina benghalensis，Tradescantia fluminensis，Tradescantia zebrine*[J]. *Asian Pacific Journal of Tropical Biomedicine*，2014，4(3)：184-188.

[6] Chunduri JR，Shah HR. FTIR phytochemical fingerprinting and antioxidant anlyses of selected indoor non-flowering indoor plants and their industrial importance[J]. *International Journal of Current Pharmaceutical Review & Research*，2016，8(4)：37-43.

[7] 陈宁，张影坤，覃妮，等. 吊竹梅水提物对糖尿病肾损伤小鼠的肾保护作用[J]. 中国临床药理学杂志，2017，33(2)：131-135.

[8] González-Coloma A，Reina M，Sáenz C，*et al.* Antileishmanial，antitrypanosomal，and cytotoxic screening of ethnopharmacologically selected Peruvian plants[J]. *Parasitology Research*，2012，110(4)：1381-1392.

[9] 李品汉. 观赏型药用植物——吊竹梅[J]. 农村百事通，2006，(2)：31.

[10] Amaral FMM，Ribeiro MNS，Barbosa-Filho JM，*et al.* Plants and chemical constituents with giardicidal activity[J]. *Revista Brasileira De Farmacognosia*，2006，16：696-720.

31 网 纹 草

【植物基源与形态】

网纹草 [*Fittonia albivenis* (Lindl. ex Veitch) Brummitt] 为爵床科（Acanthaceae）网纹草属植物，广泛分布于南美洲的巴西北部、秘鲁、厄瓜多尔等国家地区。网纹草为多年生常绿草本，高约 5～20 cm。茎平卧，叶柄与茎上有绒毛。叶椭圆形到卵形或菱形，十字对生，叶柄长 6～21 mm。顶生穗状花序，花黄色，花序梗长可达 37 mm[1,2]（图31-1）。

图31-1 网纹草（*Fittonia albivenis*）

【应用】

网纹草可用于治疗头痛、肌肉疼痛、脓毒症、蛇咬伤等[2]。在厄瓜多尔亚马孙流域等地区，网纹草还用于治疗牙痛、咽喉疼痛、胃、背部或胸部的刺痛、尿痛、排尿困难等[3]。

参 考 文 献

[1] http://www.iplant.cn/info/Fittonia%20albivenis
[2] http://tropical.theferns.info/viewtropical.php?id=Fittonia+albivenis
[3] De la Torre L，Navarrete H，Muriel P，*et al. Enciclopedia de las Plantas Útiles del Ecuador*（*con extracto de datos*）[M]. Ecuador：Herbario QCA de la Escuela de Ciencias Biológicas de la Pontificia Universidad Católica del Ecuador & Herbario AAU del Departamento de Ciencias Biológicas de la Universidad de Aarhus，2008，597.

33 红 木

【植物基源与形态】

红木 [*Bixa orellana*(L.)] 是红木科（Bixaceae）红木属植物，别名胭脂木，原产于南美洲的亚马孙河流域，在我国的云南、广东、台湾等省区有栽培。红木为常绿灌木或小乔木，高3～5 m，有时可高达10 m。树干很短，直径约20～30 cm，树皮深灰色，皮孔垂直排列。叶互生，长10～20 cm，宽5～10 cm，先端渐尖，两面绿色。圆锥花序顶生，花瓣倒卵形，先端圆形，长20～33 mm，宽8～20 mm，白色或粉红色。果实长圆形或卵球形，密生栗褐色长刺[1, 2]（图33-1）。

图33-1 红木（*Bixa orellana*）

【化学成分】

红木的种子中主要含有bixin等类胡萝卜素类化合物[2]，其茎、叶中含有丰富的多糖类成分[3]，种子、树皮、叶等均含有挥发油类成分[4]（图33-2）。

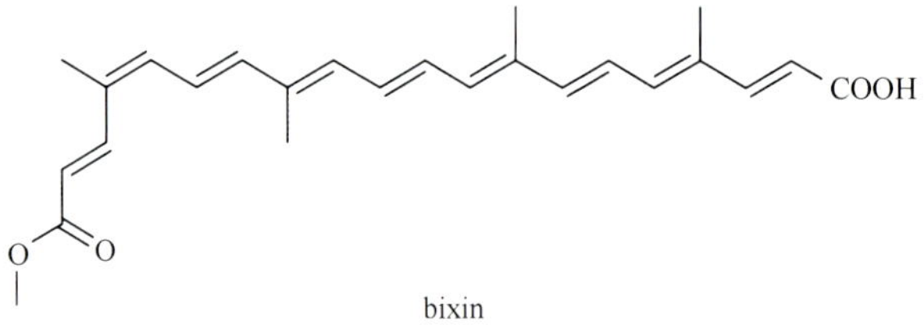

bixin

图33-2 红木中代表性化学成分的结构式

【药理作用】

红木的提取物及其挥发油具有较好的抗亚马孙利什曼原虫（*Leishmania amazonensis*）活性[5, 6]，对埃及伊蚊（*Aedes aegypti*）有驱避作用[4]，并具有抗白色念珠菌（*Candida albicans*）活性[7]。红木提取物还具有降血糖作用，能降低Wistar糖尿病大鼠的血糖水平[8]；降血脂作用，可逆转Triton、果糖和乙醇诱导的小鼠高甘油三酯血症[9]；抗炎作用，其作用机制可能与抑制PLC-NO-cGMP信号通路和PKC活性相关[10]。红木种子中富含的类胡萝卜素类成分binxin具有一定的抗炎镇痛作用[11]，并对达卡巴嗪治疗黑色素瘤具有增敏作用[12]。红木中的生育三烯酚对布舍瑞林诱导的大鼠骨质疏松有保护作用[13]。

【应用】

红木的种子可用作调味品，种子外皮可作为红色染料。红木种子还可供药用，为收敛退热剂，常用于驱虫、驱蚊、止泻、治疗高脂血症等[1,2,9]。

参 考 文 献

[1] https：//www.iplant.cn/info/Bixa%20orellana

[2] de Araújo Vilar D，de Araujo Vilar MS，de Lima e Moura TFA，*et al.* Traditional uses，chemical constituents，and biological activities of *Bixa orellana* L.：a review [J]. *The Scientific World Journal*，2014，2014：857292.

[3] Kumar SS，Girish Patil BG，Giridhar P. Mucilaginous polysaccharides from vegetative parts of *Bixa orellana* L.：their characterization and antioxidant potential [J]. *Journal of Food Biochemistry*，2019，43（3）：e12747.

[4] Giorgi A，De Marinis P，Granelli G，*et al.* Secondary metabolite profile，antioxidant capacity，and mosquito repellent activity of *Bixa orellana* from Brazilian Amazon region [J]. *Journal of Chemistry*，2013，2013：1-10.

[5] Rodrigues CA，Silva RB，Marques MJ，*et al.* Evaluation of antiparasitic activity of hydroethanolic extracts from root，stem and leaf of *Bixa orellana* L. on leishmania amazonensis samples [J]. *Revista da Universidade Vale do Rio Verde*，2012，10（2）：384-391.

[6] Monzote L，García M，Scull R，*et al.* Antileishmanial activity of the essential oil from *Bixa orellana* [J]. *Phytotherapy Research*，2014，28（5）：753-758.

[7] Poma-Castillo L，Espinoza-Poma M，Mauricio F，*et al.* Antifungal activity of ethanol-extracted *Bixa orellana*（L）（Achiote）on *Candida albicans*，at six different concentrations [J]. *The Journal of Contemporary Dental Practice*，2019，20（10）：1159-1163.

[8] Patnaik S，Mishra SR，Choudhury GB，*et al.* Phytochemical investigation and simultaneously study on anticonvulsant，antidiabetic activity of different leafy extracts of *Bixa orellana* Linn [J]. *International Journal of Pharmaceutical & Biological Archives*，2011，2（5）：1497-1501.

[9] Ferreira JM，Sousa DF，Dantas MB，*et al.* Effects of *Bixa orellana* L. seeds on hyperlipidemia [J]. *Phytotherapy Research*，2013，27（1）：144-147.

[10] Yong YK，Chiong HS，Somchit MN，*et al. Bixa orellana* leaf extract suppresses histamine-induced endothelial hyperpermeability via the PLC-NO-cGMP signaling cascade [J]. *BMC Complementary and Alternative Medicine*，2015，15：356.

[11] Pacheco SDG，Gasparin AT，Jesus CHA，*et al.* Antinociceptive and anti-inflammatory effects of bixin，a carotenoid extracted from the seeds of *Bixa orellana* [J]. *Planta Medica*，2019，85（16）：1216-1224.

[12] de Oliveira Júnior RG，Bonnet A，Braconnier E，*et al.* Bixin，an apocarotenoid isolated from *Bixa orellana* L.，sensitizes human melanoma cells to dacarbazine-induced apoptosis through ROS-mediated cytotoxicity [J]. *Food and Chemical Toxicology*，2019，125：549-561.

[13] Mohamad NV，Ima-Nirwana S，Chin KY. Effect of tocotrienol from *Bixa orellana*（annatto）on bone microstructure，calcium content，and biomechanical strength in a model of male osteoporosis induced by buserelin [J]. *Drug Design，Development and Therapy*，2018，12：555-564.

34 红花瓜栗

图 34-1　红花瓜栗（*Pachira insignis*）

【植物基源与形态】

红花瓜栗 [*Pachira insignis*（Sw.）Savigny] 为锦葵科（Malvaceae）瓜栗属植物，主要分布于南美洲的巴西、玻利维亚、秘鲁、厄瓜多尔、哥伦比亚、委内瑞拉等国的亚马孙河流域。该植物为常绿乔木，可高达 30 m，树干直径 50～100 cm，光滑，灰绿色。叶互生，掌状复叶，倒卵形或椭圆形。花单生或簇生，雌雄同体，长 18～35 cm；花瓣 5 片，椭圆形，红棕色。蒴果，木质，椭圆形；种子多数，棕色，直径 2～8 cm[1]（图 34-1）。

【化学成分】

红花瓜栗的种子中含有丰富的脂肪酸类、甘油酯类及生育酚类成分，还含有 β-sitosterol、campesterol 等甾醇类化合物[2]（图 34-2）。

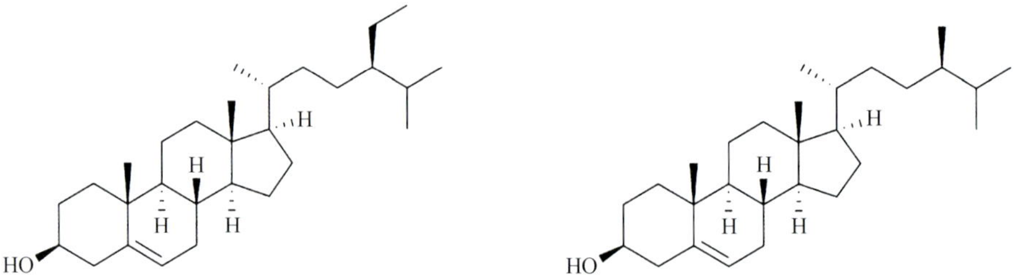

β-sitosterol　　　　　　　　campesterol

图 34-2　红花瓜栗中代表性化学成分的结构式

【应用】

红花瓜栗的种子可食用，其叶子和果实可用于止咳、止泻、扩张支气管等，树脂常被委内瑞拉人用于治疗骨折[1,3]。

参 考 文 献

[1] https：//www.cabi.org/isc/datasheet/39237#88cb8ccd-ea6c-4dad-aa9e-221d9fd15baf

[2] Yeboah SO，Mitei YC，Ngila JC，*et al*. Compositional and structural studies of the oils from two edible seeds：Tiger nut，*Cyperus esculentum*，and asiato，*Pachira insignis*，from Ghana［J］. *Food Research International*，2012，47（2）：259-266.

[3] Roth I，Lindorf H. *South American medicinal plants*：*botany*，*remedial properties and general use*［M］. Springer，2002，136.

35 红果仔

图35-1 红果仔（*Eugenia uniflora*）

【植物基源与形态】

红果仔［*Eugenia uniflora*（L.）］是桃金娘科（Myrtaceae）番樱桃属植物，又名番樱桃，原产于南美洲，现被广泛引种到美洲、非洲、亚洲和太平洋的热带和亚热带地区，我国南部有少量栽培。红果仔为常绿灌木，高2～4 m，全株无毛。叶对生，单叶，卵形至卵状披针形。花乳白色，芳香，叶腋单生或2～4枚簇生。浆果肉质，扁球形，成熟时从绿色变成黄色、橙色、深红色，最后变成酒红色或深紫色，通常含有1～3粒种子[1, 2]（图35-1）。

【化学成分】

红果仔中主要含有杨梅素（myricetin）、myricetin 3-O-（4″-O-galloyl）-α-L-rhamnopyranoside等黄酮及其苷类化合物，莪术烯（curzerene）等倍半萜类化合物，以及uniflorine A等多羟基生物碱类化合物。此外，红果仔中还含有大量的单宁类、多酚类、挥发油类、三萜类、甾体类等其他化学成分[2-7]（图35-2）。

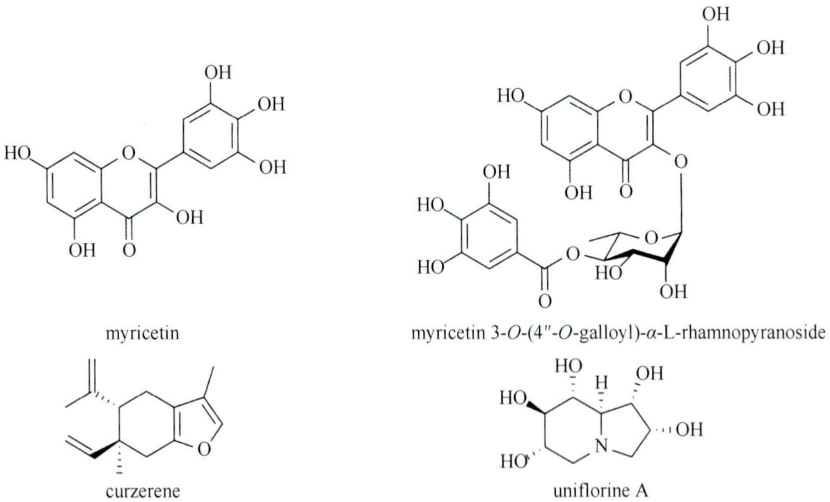

myricetin

myricetin 3-O-(4″-O-galloyl)-α-L-rhamnopyranoside

curzerene

uniflorine A

图35-2 红果仔中代表性化学成分的结构式

【药理作用】

红果仔的提取物及挥发油具有多种药理活性，如：抗菌活性，对多种细菌（铜绿假单胞菌、大肠埃希菌、金黄色葡萄球菌等）、真菌（白色念珠菌、热带念珠菌等）及克氏锥虫（*Trypanosoma cruzi*）的生长均有一定的抑制作用[2, 7-10]；抗氧化活性，可清除DPPH自由基等[3, 5, 7, 8]；保肝作用，可减轻对乙酰氨基酚所致的小鼠肝损伤[11]，抑制小鼠肝星状细胞（GRX）增殖[12]；此外，还具有降血压[13]、抗胃溃疡[14]、抗炎镇痛[15]等药理作用。从红果仔叶中分离得到的myricetin 3-O-（4″-O-galloyl）-α-L-rhamnopyranoside等黄酮类化合物亦具有抗菌和抗氧化活性[4]。叶中含有的多羟基生物碱类成分则具有抑制α-葡萄糖苷酶活性[6]。

【应用】

在南美洲，红果仔具有重要的经济价值，其果实可用于生产果汁、蜜饯等，其精油被广泛应用于化妆品行业[1]。在巴西民间，红果仔被用作止泻药、利尿剂、抗风湿药、解热药和抗糖尿病药[2]。

参 考 文 献

[1] http：//tropical.theferns.info/viewtropical.php?id=Eugenia+uniflora

[2] Costa AGV，Garcia-Diaz DF，Jimenez P，*et al*. Bioactive compounds and health benefits of exotic tropical red-black berries [J]. *Journal of Functional Foods*，2013，5（2）：539-549.

[3] Celli GB，Pereira-Netto AB，Beta T. Comparative analysis of total phenolic content，antioxidant activity，and flavonoids profile of fruits from two varieties of Brazilian cherry（*Eugenia uniflora* L.）throughout the fruit developmental stages [J]. *Food Research International*，2011，44（8）：2442-2451.

[4] Samy M，Sugimoto S，Matsunami K，*et al*. Bioactive compounds from the leaves of *Eugenia uniflora* [J]. *Journal of Natural Products*，2014，7：37-47.

[5] Figueiredo PLB，Pinto LC，da Costa JS，*et al*. Composition，antioxidant capacity and cytotoxic activity of *Eugenia uniflora* L. chemotype-oils from the Amazon [J]. *Journal of Ethnopharmacology*，2019，232：30-38.

[6] Matsumura T，Kasai M，Hayashi T，*et al*. a-Glucosidase inhibitors from Paraguayan natural medicine，Nangapiry，the leaves ogf *Eugenia uniflora* [J]. *Pharmaceutical Biology*，2000，38（4）：302-307.

[7] Olugbuyiro JAO，Banwo AS，Adeyemi AO，*et al*. Phytochemical constituents，antioxidant and antimicrobial activities of *Eugenia uniflora* Linn. leaf [J]. *Rasayan Journal of Chemistry*，2018，11（2）：798-805.

[8] Victoria FN，Lenardao EJ，Savegnago L，*et al*. Essential oil of the leaves of *Eugenia uniflora* L.：Antioxidant and antimicrobial properties [J]. *Food and Chemical Toxicology*，2012，50（8）：2668-2674.

[9] Sampaio dos Santos JF，Rocha JE，Bezerra CF，*et al*. Chemical composition，antifungal activity and potential anti-virulence evaluation of the *Eugenia uniflora* essential oil against *Candida* spp. [J]. *Food Chemistry*，2018，261：233-239.

[10] Santos KKA，Matias EFF，Tintino SR，*et al*. Anti-*Trypanosoma cruzi* and cytotoxic activities of *Eugenia uniflora* L. [J]. *Experimental Parasitology*，2012，131（1）：130-132.

[11] Victoria FN，Anversa RG，Savegnago L，*et al*. Essential oils of *E. uniflora* leaves protect liver injury induced by acetaminophen [J]. *Food Bioscience*，2013，4：50-57.

[12] Denardin CC，Parisi MM，Martins LAM，*et al*. Antiproliferative and cytotoxic effects of purple pitanga（*Eugenia uniflora* L.）extract on activated hepatic stellate cells [J]. *Cell Biochemistry & Function*，2014，32（1）：16-23.

［13］Consolini AE，Baldini OA，Amat AG. Pharmacological basis for the empirical use of *Eugenia uniflora* L.（Myrtaceae）as antihypertensive［J］. *Journal of Ethnopharmacology*，1999，66（1）：33-39.

［14］Rodrigues MJL，Da SDM，Oluwagbamigbe FJ，*et al*. Gastroprotective effect of the aqueous fraction of hydroacetonic leaf extract of *Eugenia uniflora* L.（Myrtaceae）（pitanga）against several gastric ulcer models in mice［J］. *Journal of Medicinal Plants Research*，2017，11（39）：603-612.

［15］Fernandes FV，Segheto L，Santos BCS，*et al*. Bioactivities of extracts from *Eugenia uniflora* L. branches［J］. *Journal of Chemical and Pharmaceutical Research*，2016，8（8）：1054-1062.

36 红珊瑚爵床

【植物基源与形态】

红珊瑚爵床［*Odontonema cuspidatum*（Nees）Kuntze］为爵床科（Acanthaceae）鸡冠爵床属植物，主要分布于南美洲以及其他一些热带和亚热带地区。红珊瑚爵床为多年生常绿灌木，茎直立，近四边形，具柔毛。叶对生，具叶柄，叶片椭圆形到卵形。顶生总状花序或圆锥花序，具苞片，苞片三角形；花萼由5片融合的萼片组成，外表面具短柔毛或近无毛，边缘全缘，先端渐尖；花冠由5瓣合生的花瓣组成漏斗状[1]（图36-1）。

图36-1　红珊瑚爵床（*Odontonema cuspidatum*）

【化学成分】

红珊瑚爵床中含有环烯醚萜苷类（6*β*-*O*-methyl-unedoside、6*β*-*O*-methyl-5-deoxythungio-side等）、苯丙素苷类［dolichandroside A、毛蕊花苷（verbascoside）等］、黄酮类、皂苷类等多种化学成分[2]（图36-2）。

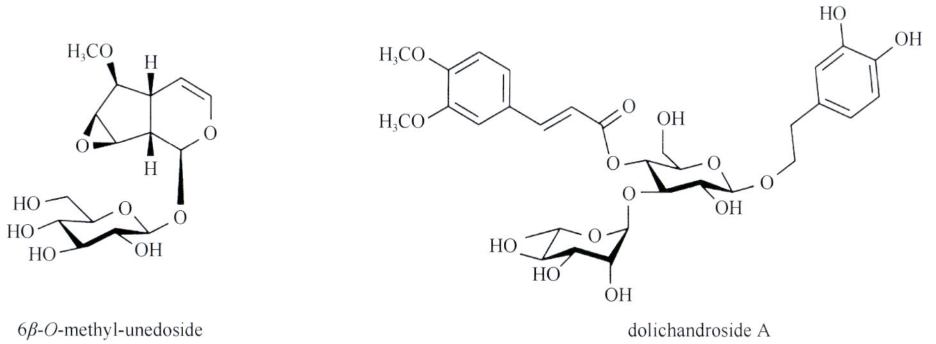

6*β*-*O*-methyl-unedoside

dolichandroside A

图36-2　红珊瑚爵床中代表性化学成分的结构式

【药理作用】

红珊瑚爵床的甲醇提取物对金黄色葡萄球菌、大肠埃希菌、克雷伯菌等具有显著的抑菌作用[2]。此外，其甲醇提取物还具有抗氧化和保肝作用[3]。

参 考 文 献

[1] Refaey MS，Hassanein AMM，Mostafa MAH，*et al.* Botanical studies of the aerial parts of *Odontonema cuspidatum*（Nees）Kuntze，family Acanthaceae，cultivated in Egypt［J］. *Journal of Pharmaceutical Sciences and Research*，2015，7（12）：1076-1089.

[2] Refaey MS，Hassanein AMM，Mostafa MAH，*et al.* Two new iridoid glycosides from *Odontonema cuspidatum* and their bioactivities［J］. *Phytochemistry Letters*，2017，22：27-32.

[3] Refaey MS，Mustafa MAH，Mohamed AM，*et al.* Hepatoprotective and antioxidant activity of *Odontonema cuspidatum*（Nees）Kuntze against CCl$_4$-induced hepatic injury in rats［J］. *Journal of Pharmacognosy and Phytochemistry*，2015，4（2）：89-96.

37 芦　荟

【植物基源与形态】

芦荟[*Aloe vera*(L.)Burm. f.]为百合科（Liliaceae）芦荟属植物，主要分布在非洲、南美洲，后人工栽培遍布全球。茎较短。叶近簇生或稍二列，肥厚多汁，条状披针形，粉绿色，长15～35 cm，基部宽4～5 cm，顶端有小齿，边缘疏生刺状小齿。花葶高60～90 cm，不分枝或有时稍分枝；总状花序具几十朵花；苞片近披针形，先端锐尖；花被长约2.5 cm；雄蕊与花被近等长或略长，花柱明显伸出花被外[1]（图37-1）。

图37-1　芦荟（*Aloe vera*）

【化学成分】

芦荟中富含蒽醌类化合物，如大黄素（emodin）、芦荟大黄素（aloe emodin）、芦荟皂苷I（aloesaponarin I）等[2-4]。此外，芦荟中还含有色原酮类（aloeresin B等）[4, 5]、α-吡喃酮类（aloenin A等）以及其他黄酮类［芹菜素（apigenin）、异牡荆素（isovitexin）、山柰酚（kaempferol）等］化合物[3, 4]（图37-2）。

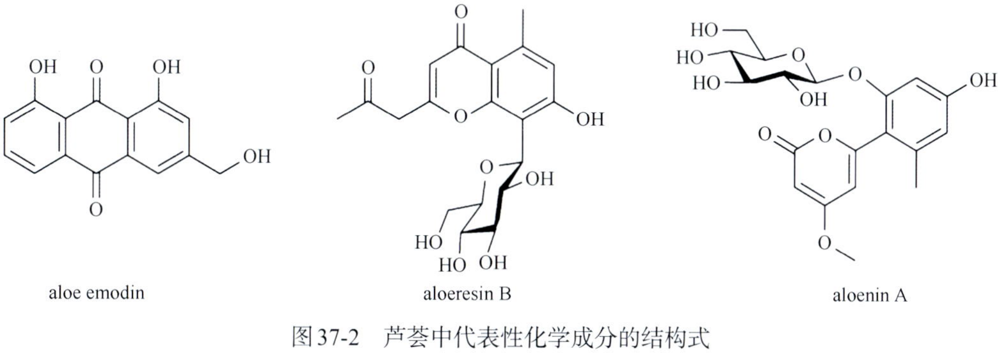

aloe emodin　　　　　aloeresin B　　　　　aloenin A

图37-2　芦荟中代表性化学成分的结构式

【药理作用】

芦荟提取物对真菌、细菌和病毒均具有一定的抑制活性，其中的芦荟大黄素（aloe emodin）和aloin A能够有效抑制金黄色葡萄球菌、大肠埃希菌、普通变形杆菌等的生长[6-10]。芦荟提取物能够抑制角叉菜胶诱发的炎症，对醋酸诱导的大鼠结肠炎也有一定的保护作用[11-13]。其提取物还可有效改善口腔溃疡、保护胃黏膜与修复溃疡面[14, 15]。芦荟中含有超氧化歧化酶、过氧化氢酶等抗氧化成分，能够清除自由基，从而降低体内的过氧化脂质水平，调整机体的氧化还原平衡[2]。芦荟中富含的芦荟大黄素对结肠癌、胃癌、肺癌、肝癌、皮肤癌、乳腺癌等多种肿瘤具有抑制活性[15, 16]。芦荟多糖中的乙酰化甘露聚糖可通过激活巨噬细胞，促使其释放NO，分泌TNF-α、IL-6等细胞因子，从而发挥免疫调节作用[17]。

【应用】

芦荟在临床主要用于增强肠蠕动，治疗便秘、小儿消积等，也可用于改善胃炎、消化道溃疡、口腔炎等。芦荟作为外用药可治疗创伤类疾病，包括促进创面血液循环、加速创面愈合、降低创伤部位坏死、改善创伤部位红斑及色素沉着等，也可用于改善与治疗皮肤过敏、疱疹、湿疹等皮肤疾患，以及缓解日晒所引起的灼痛等[17]。

参 考 文 献

[1] 中国科学院中国植物志编委会. 中国植物志 [M]. 北京：科学出版社，1980，14：62.

[2] Kumar R，Singh AK，Gupta A，*et al*. Therapeutic potential of *Aloe vera*-a miracle gift of nature [J]. *Phytomedicine*，2019，60：152996.

[3] Kahramanoǧlu İ，Chen C，Chen J，*et al*. Chemical constituents，antimicrobial activity，and food preservative characteristics of *Aloe vera* gel [J]. *Agronomy*，2019，9(12)：831.

[4] Cock IE. *The genus Aloe*：*phytochemistry and therapeutic uses including treatments for gastrointestinal conditions and chronic inflammation，in novel natural products*：*therapeutic effects in pain，arthritis and gastrointestinal diseases* [M]. Progress in Drug Research，2015，70：179-235.

[5] Rodríguez ER，Martín JD，Romero CD. *Aloe vera* as a functional ingredient in foods [J]. *Critical Reviews in Food Science and Nutrition*，2010，50(4)：305-326.

[6] Sharma P，Kharkwal AC，Kharkwal H，*et al*. A review on pharmacological properties of *Aloe vera* [J]. *International Journal of Pharmaceutical Sciences Review & Research*，2014，29(2)：31-37.

[7] Radha MH，Laxmipriya NP. Evaluation of biological properties and clinical effectiveness of *Aloe vera*：A systematic review [J]. *Journal of Traditional & Complementary Medicine*，2015，5(1)：21-26.

[8] Sahu PK，Giri DD，Singh R，*et al*. Therapeutic and medicinal uses of *Aloe vera*：A review [J]. *Pharmacology & Pharmacy*，2013，4(8)：599-610.

[9] Coopoosamy RM and Magwa ML. Antibacterial activity of aloe emodin and aloin A isolated from *Aloe excelsa* [J]. *African Journal of Biotechnology*，2006，5(11)：1092-1094.

[10] 田兵，华跃进，马小琼，等. 芦荟抗菌作用与蒽醌化合物的关系 [J]. 中国中药杂志，2003，28(11)：1034-1037.

[11] Vázquez B，Avila G，Segura D，*et al*. Anti-inflammatory activity of extracts from *Aloe vera* gel [J]. *Journal of Ethnopharmacology*，1996，55(1)：69-75.

[12] Bahrami G，Malekshahi H，Miraghaee S，*et al*. Protective and therapeutic effects of *Aloe vera* gel on ulcerative colitis induced by acetic acid in rats [J]. *Clinical Nutrition Research*，2020，9(3)：223-234.

[13] Hassanshahi N，Masoumi SJ，Mehrabani D，*et al*. The healing effect of *Aloe vera* gel on acetic acid-induced ulcerative colitis in rat [J]. *Middle East Journal of Digestive Diseases*，2020，12(3)：154-161.

[14] Bhalang K，Thunyakitpisal P，Rungsirisatean N. Acemannan，a polysaccharide extracted from *Aloe vera*，is

effective in the treatment of oral aphthous ulceration [J]. *Journal of Alternative & Complementary Medicine*, 2013, 19 (5): 429-434.

[15] Sanders B, Ray AM, Goldberg S, *et al*. Anti-cancer effects of aloe-emodin: a systematic review [J]. *Journal of Clinical and Translational Research*, 2017, 3 (3): 283-296.

[16] Dong X, Zeng Y, Liu Y, *et al*. Aloe-emodin: A review of its pharmacology, toxicity, and pharmacokinetics [J]. *Phytotherapy Research*, 2020, 34 (2): 270-281.

[17] 闫昌誉, 李晓敏, 李家炜, 等. 芦荟的研究进展与产业化应用 [J]. 今日药学, 2021, 31 (2): 81-90.

39 豆薯

图39-1　豆薯（*Pachyrhizus erosus*）

【植物基源与形态】

豆薯[*Pachyrhizus erosus*（L.）Urb.]为豆科（Fabaceae）豆薯属植物，又名凉薯、地瓜、沙葛、土瓜等，原产于美洲的热带地区，现在全球热带地区均有广泛栽培。豆薯为多年生攀缘或蔓生植物，根块状，纺锤形或扁球形，肉质。羽状复叶，托叶线状披针形，小叶菱形或卵形。总状花序，小苞片刚毛状，早落；花冠浅紫色或淡红色，旗瓣近圆形，翼瓣镰刀形；花柱弯曲。荚果带形，扁平，种子近方形，扁平[1, 2]（图39-1）。

【化学成分】

豆薯的种子中主要含有鱼藤酮（rotenone）等黄酮类及pachyrrhizin等香豆素类化合物[3, 4]。豆薯的块根中含有丰富的蛋白质、淀粉等营养成分（图39-2）。

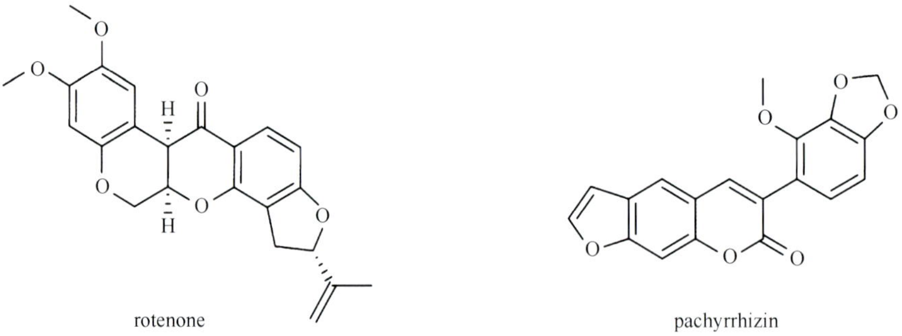

rotenone

pachyrrhizin

图39-2　豆薯中代表性化学成分的结构式

【药理作用】

豆薯块根的水提物在体内外均具有增强免疫的作用，可促进小鼠脾细胞产生IgM、IgG和IgA，促进脾细胞产生白细胞介素-5和白细胞介素-10[5]，增强J774.1细胞的吞噬作用，并能在体内外激活巨噬细胞[6]。

【应用】

豆薯的块根可作为食品食用，能解渴、补充淀粉和蛋白质。豆薯的种子中含有鱼藤酮，可作为杀虫剂[1]。

参 考 文 献

[1] http：//tropical.theferns.info/viewtropical.php?id=Pachyrhizus+tuberosus

[2] 中国科学院中国植物志编辑委员会. 中国植物志 [M]. 北京：科学出版社，1993，41：212.

[3] Estrella-Parra EA，Gomez-Verjan JC，Gonzalez-Sanchez I，*et al*. Rotenone isolated from *Pachyrhizus erosus* displays cytotoxicity and genotoxicity in K562 cells [J]. *Natural Product Research*，2014，28（20）：1780-1785.

[4] 李有志，魏孝义，徐汉虹，等. 豆薯种子中的杀虫成分及其毒力测定 [J]. 昆虫学报，2009，52（5）：514-521.

[5] Kumalasari ID，Nishi K，Harmayani E，*et al*. Immunomodulatory activity of Bengkoang（*Pachyrhizus erosus*）fiber extract *in vitro* and *in vivo* [J]. *Cytotechnology*，2014，66（1）：75-85.

[6] Kumalasari ID，Nishi K，Harmayani E，*et al*. Effect of bengkoang（*Pachyrhizus erosus*）fiber extract on murine macrophage-like J774.1 cells and mouse peritoneal macrophages [J]. *Journal of Functional Foods*，2013，5（2）：582-589.

40 角茎野牡丹

【植物基源与形态】

图40-1　角茎野牡丹（*Tibouchina granulosa*）

角茎野牡丹［*Tibouchina granulosa*（Desr.）Cogn.］为野牡丹科（Melastomataceae）蒂牡花属植物，原产南美洲的热带地区。角茎野牡丹为常绿灌木或小乔木，高可达3～4 m，树冠广卵型或伞型。单叶对生，条形或披针形，绿色。花冠轮状，花瓣5枚；萼片5枚，紫红色，花丝紫色或白色，花药披针形；单雌蕊，柱头上部紫色，下部白色。果实坛状[1, 2]（图40-1）。

【化学成分】

角茎野牡丹中主要含有脂肪酸类［油酸（oleic acid）、十六烷酸（palmitic acid）等］、酚酸类［没食子酸（gallic acid）等］以及花青素类［malvidin-3-（di-*p*-coumaroylxyloside）-5-glucoside、malvidin-3-（*p*-coumaroylxyloside）-5-glucoside等］成分[3]（图40-2）。

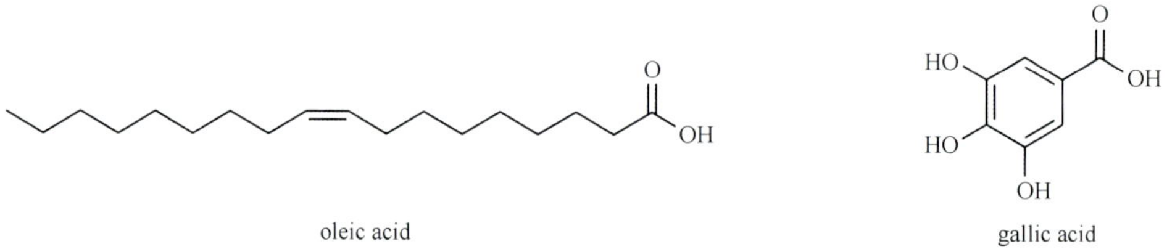

oleic acid

gallic acid

图40-2　角茎野牡丹中代表性化学成分的结构式

【药理作用】

角茎野牡丹叶的水提取物具有抗炎作用，可减少小鼠体内炎症介质和细胞因子的产生[4]。

【应用】

由角茎野牡丹制作而成的药膏可促进伤口愈合，由其叶子所制成的冲剂可用于治疗炎症[4]。

参 考 文 献

[1] Starr F，Starr K，and Loope L. *Tibouchina granulosa* [J]. 2003.（http：//www.starrenvironmental.com/publications/species_reports/pdf/tibouchina_granulosa.pdf）

[2] Gilman EF. *Tibouchina granulosa* Purple Glory Tree [J]. 1999.（https：//docslib.org/doc/6849747/tibouchina-granulosa-purple-glory-tree1-edward-f）

[3] Goldson Barnaby A，Reid R，Warren D. Antioxidant activity，total phenolics and fatty acid profile of *Delonix regia*，*Cassia fistula*，*Spathodea campanulata*，*Senna siamea* and *Tibouchina granulosa* [J]. *Journal of Analytical and Pharmaceutical Research*，2016，3（2）：00056.

[4] Sobrinho AP，Minho AS，Ferreira LLC，*et al*. Characterization of anti-inflammatory effect and possible mechanism of action of *Tibouchina granulosa* [J]. *Journal of Pharmacy and Pharmacology*，2017，69（6）：706-713.

41 鸡 蛋 果

图41-1　鸡蛋果（*Passiflora edulis*）

【植物基源与形态】

鸡蛋果（*Passiflora edulis* Sims）为西番莲科（Passifloraceae）西番莲属植物，又名洋石榴，原产于南美洲。鸡蛋果为草质藤本，长约6 m，茎具细条纹，无毛。苞片绿色，宽卵形或菱形。萼片5枚，外面绿色，内面绿白色。花瓣5枚，雄蕊5枚，花丝分离，基部合生；花药长圆形，淡黄绿色；子房倒卵球形，被短柔毛；花柱3枚，扁棒状，柱头肾形。浆果卵球形，无毛，熟时紫色。种子多数，卵形[1]（图41-1）。

【化学成分】

鸡蛋果中主要含有甾醇类［β-谷甾醇（β-sitosterol）、豆甾醇（stigmasterol）、菜油甾醇（campesterol）等］以及脂肪醇［二十六醇（hexacosanol）、二十四醇（tetracosanol）等］和脂肪酸类［亚油酸（linoleic acid）、油酸（oleic acid）等］化合物[2]（图41-2）。

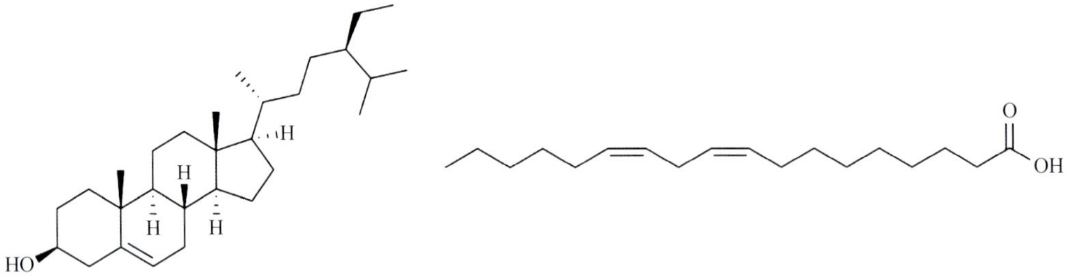

β-sitosterol

linoleic acid

图41-2　鸡蛋果中代表性化学成分的结构式

【药理作用】

鸡蛋果叶的醇提取物具有抗氧化活性，可减轻铁诱导的细胞死亡，并对铁和葡萄糖诱导的蛋白质氧化损伤具有防护作用[3]。鸡蛋果的水提取物具有抗炎作用，可抑制多种促炎细胞因子的产生[4]。此外，鸡蛋果的水提取物还具有抗肿瘤作用，可抑制明胶酶MMP-2和

MMP-9的活性[5]。

【应用】

鸡蛋果的果实可供食用，用于制作果冻、果汁和鸡尾酒，还可被用作泻药，清除各种寄生虫[6]。鸡蛋果叶的提取物可用于治疗高血压和皮肤病[3,7]。

参 考 文 献

[1] 中国科学院中国植物志编辑委员会. 中国植物志 [M]. 北京：科学出版社，1999，52：113.

[2] Giuffrè AM. Chemical composition of purple passion fruit (*Passiflora edulis* Sims *var. edulis*) seed oil [J]. *Rivista Italiana delle Sostanze Grasse*，2007，84(2)：87-93.

[3] Rudnicki M，de Oliveira MR，da Veiga Pereira T，*et al.* Antioxidant and antiglycation properties of *Passiflora alata* and *Passiflora edulis* extracts [J]. *Food Chemistry*，2007，100(2)：719-724.

[4] Benincá JP，Montanher AB，Zucolotto SM，*et al.* Evaluation of the anti-inflammatory efficacy of *Passiflora edulis* [J]. *Food Chemistry*，2007，104(3)：1097-1105.

[5] Puricelli L，Dell'Aica I，Sartor L，*et al.* Preliminary evaluation of inhibition of matrix-metalloprotease MMP-2 and MMP-9 by *Passiflora edulis* and *P. foetida* aqueous extracts [J]. *Fitoterapia*，2003，74(3)：302-304.

[6] De la Torre L，Navarrete H，Muriel P，*et al. Enciclopedia de las Plantas Útiles del Ecuador* (con extracto de datos) [M]. Ecuador：Herbario QCA de la Escuela de Ciencias Biológicas de la Pontificia Universidad Católica del Ecuador & Herbario AAU del Departamento de Ciencias Biológicas de la Universidad de Aarhus，2008，597.

[7] Akhondzadeh S，Naghavi H R，Vazirian M，*et al.* Passionflower in the treatment of generalized anxiety：A pilot double-blind randomized controlled trial with oxazepam [J]. *Journal of Clinical Pharmacy and Therapeutics*，2001，26(5)：363-367.

42 刺苋

【植物基源与形态】

图 42-1　刺苋（*Amaranthus spinosus*）

刺苋［*Amaranthus spinosus*（L.）］为苋科（Amaranthaceae）苋属植物，原产于美洲的热带地区，主要分布在厄瓜多尔、哥伦比亚、玻利维亚等国家及地区。刺苋为一年生草本，高约100 cm。茎直立，多分枝。叶片菱状卵形，基部宽楔形，边缘全缘。圆锥花序腋生及顶生，绿色。胞果卵球形或近球形，不规则开裂。种子黑色，豆状或近球形，有光泽[1]（图42-1）。

【化学成分】

刺苋中主要含有甜菜花青素类（amaranthine、isoamaranthine等）和黄酮类［槲皮素（quercetin）等］化合物，还含有少量的酚酸类、单宁类、皂苷类等其他化学成分[2,3]（图42-2）。

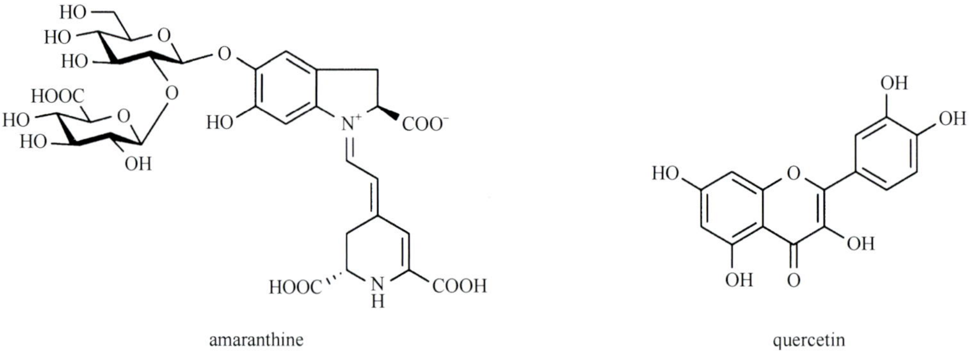

amaranthine

quercetin

图 42-2　刺苋中代表性化学成分的结构式

【药理作用】

刺苋的甲醇提取物具有较强的抗氧化活性，可有效清除DPPH、超氧阴离子、羟基、一氧化氮、ABTS等自由基[4]。其甲醇提取物还具有较好的抗炎活性，可抑制角叉菜胶诱导的大鼠足跖肿胀、醋酸引起的血管通透性增加，减少蓖麻油引起的大鼠腹泻，其抗炎机制可能为抑制前列腺素的合成[5]。此外，刺苋的水提物具有抗疟活性，对接种伯氏疟原虫（*Plasmodium berghei berghei*）红细胞的小鼠具有显著的保护作用[6]。

【应用】

刺苋可作为蔬菜或饲料，也可用作利尿剂、退热药，还可用于治疗湿疹、烧伤、淋病、耳痛、痔疮等[1]。

参 考 文 献

[1] 中国科学院中国植物志编辑委员会. 中国植物志 [M]. 北京：科学出版社，1979，25：210.

[2] Amabye TG. Evaluation of physiochemical，phytochemical，antioxidant and antimicrobial screening parameters of *Amaranthus spinosus* leaves [J]. *Natural Products Chemistry & Research*，2015，4（199）：1-5.

[3] Stintzing FC，Kammerer D，Schieber A，*et al*. Betacyanins and phenolic compounds from *Amaranthus spinosus* L. and *Boerhavia erecta* L [J]. *Zeitschrift für Naturforschung C*，2004，59（1-2）：1-8.

[4] Kumar BA，Lakshman K，Jayaveera KN，*et al*. Antioxidant and antipyretic properties of methanolic extract of *Amaranthus spinosus* leaves [J]. *Asian Pacific Journal of Tropical Medicine*，2010，3（9）：702-706.

[5] Olajide OA，Ogunleye BR，Erinle TO. Anti-inflammatory properties of *Amaranthus spinosus* leaf extract [J]. *Pharmaceutical Biology*，2004，42（7）：521-525.

[6] Hilou A，Nacoulma OG，Guiguemde TR. *In vivo* antimalarial activities of extracts from *Amaranthus spinosus* L. and *Boerhaavia erecta* L. in mice [J]. *Journal of Ethnopharmacology*，2006，103（2）：236-240.

43 刺 芹

图43-1　刺芹（*Eryngium foetidum*）

【植物基源与形态】

刺芹［*Eryngium foetidum*（L.）］为伞形科（Apiaceae）刺芹属植物，俗称刺芫荽等，主要分布于南美、亚洲、非洲的热带地区，在我国的广东、广西、贵州、云南等省区多有栽培。刺芹为多年生直立无毛草本植物，高11～40 cm。主根纺锤状。茎绿色直立，粗壮无毛。叶革质，长5～25 cm，宽1.2～4 cm，呈披针形或倒披针形，表面深绿色，背面淡绿色，两面无毛，羽状网脉。头状花序，无花序梗。果卵圆形或球形[1, 2]（图43-1）。

【化学成分】

刺芹中主要含有挥发油类［（*E*）-2-dodecenal等］和甾醇类（brassicasterol等）化合物，还含有酚类、黄酮类、生物碱类、皂苷类、单宁类等其他化学成分[1, 3-7]（图43-2）。

（*E*）-2-dodecenal

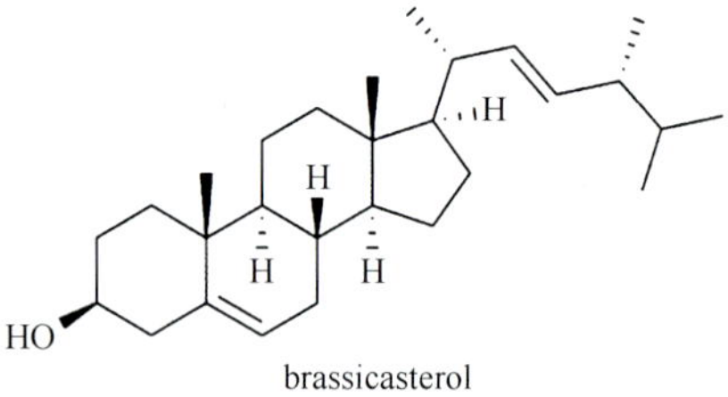

brassicasterol

图43-2　刺芹中代表性化学成分的结构式

【药理作用】

刺芹的提取物对细菌（枯草芽孢杆菌、大肠埃希菌、金黄色葡萄球菌等）和真菌（白色念珠菌）均具有抑菌活性[2, 5, 8]，还具有抗疟原虫[9]、抗惊厥[10]、镇痛[11]以及降血糖[5]活性。刺芹的提取物及挥发油具有抗氧化活性，能有效清除DPPH、ABTS等自由基[3, 5, 6]。刺芹提取物及其中含有的豆甾醇均具有抗炎活性[4, 12]。刺芹中含有的倍半萜类成分具有抗利什曼原虫活性[13]。此外，刺芹还可抑制促炎细胞因子COX-2，对大肠癌的发生具有预防作用[14]。

【应用】

刺芹为药食同源植物，还可作为调味剂。在民间，刺芹主要用于治疗发热、感冒、感染以及缓解疼痛，还可用于治疗多种女性生殖系统疾病，如不育、分娩并发症、痛经等。此外，刺芹也可用来治疗高血压、风湿、哮喘、疟疾等疾病[2]。

参 考 文 献

[1] 中国科学院中国植物志编委会. 中国植物志[M]. 北京：科学出版社，1979，55（1）：64.

[2] Paul JHA，Seaforth CE，Tikasingh T. *Eryngium foetidum* L.：A review[J]. *Fitoterapia*，2011，82（3）：302-308.

[3] Thomas PS，Essien EE，Ntuk SJ，*et al. Eryngium foetidum* L. essential oils：chemical composition and antioxidant capacity[J]. *Medicines*，2017，4（2）：1-7.

[4] Garcia MD，Saenz MT，Gomez MA，*et al.* Topical anti-inflammatory activity of phytosterols isolated from *Eryngium foetidum* on chronic and acute inflammation models[J]. *Phytotherapy Research*，1999，13（1）：78-80.

[5] Malik T，Pandey DK，Roy P，*et al.* Evaluation of phytochemicals，antioxidant，antibacterial and antidiabetic potential of *Alpinia galanga* and *Eryngium foetidum* plants of Manipur（India）[J]. *Pharmacognosy Journal*，2016，8（5）：459-464.

[6] Thi NQN，An TNT，Nguyen OB，*et al.* Phytochemical content and antioxidant activity in aqueous and ethanolic extracts of *Eryngium foetidum* L[J]. *IOP Conference Series：Materials Science and Engineering*，2020，991（1）：012026.

[7] Anam EM. A novel triterpenoid saponin from *Eryngium foetidum*[J]. *Indian Journal of Chemistry*，2002，41B（7）：1500-1503.

[8] Lingaraju DP，Sudarshana MS，Mahendra C，*et al.* Phytochemical screening and antimicrobial activity of leaf extracts of *Eryngium foetidum* L.（Apiaceae）[J]. *Indo American Journal of Pharmaceutical Research*，2016，6（2）：4339-4344.

[9] Roumy V，Garcia-Pizango G，Gutierrez-Choquevilca AL，*et al.* Amazonian plants from Peru used by Quechua and Mestizo to treat malaria with evaluation of their activity[J]. *Journal of Ethnopharmacology*，2007，112（3）：482-489.

[10] Simon OR，Singh N. Demonstration of anticonvulsant properties of an aqueous extract of Spirit Weed（*Eryngium foetidum* L.）[J]. *The West Indian Medical Journal*，1986，35（2）：121-125.

[11] Sáenz MT，Fernández MA，García MD. Antiinflammatory and analgesic properties from leaves of *Eryngium foetidum* L.（Apiaceae）[J]. *Phytotherapy Research*，1997，11（5）：380-383.

[12] Dawilai S，Muangnoi C，Praengamthanachoti P，*et al.* Anti-inflammatory activity of bioaccessible fraction from *Eryngium foetidum* leaves[J]. *BioMed Research International*，2013：958567.

[13] Rojas-Silva P，Graziose R，Vesely B，*et al.* Leishmanicidal activity of a daucane sesquiterpene isolated from *Eryngium foetidum*[J]. *Pharmaceutical Biology*，2014，52（3）：398-401.

[14] Promtes K，Kupradinun P，Rungsipipat A，*et al.* Chemopreventive effects of *Eryngium foetidum* L. leaves on COX-2 reduction in mice induced colorectal carcinogenesis[J]. *Nutrition and Cancer*，2016，68（1）：144-153.

44 软枝黄蝉

【植物基源与形态】

软枝黄蝉[*Allemanda cathartica*(L.)]为夹竹桃科（Apocynaceae）黄蝉属植物，又名黄莺、重瓣黄蝉、泻黄蝉，原产巴西，现在世界各地的热带地区均有广泛栽培，在我国的广东、福建、台湾等南部省区有分布。软枝黄蝉为多年生藤状灌木，高可达4 m，枝条软弯垂。叶片纸质，端部短尖，基部楔形；叶脉两面扁平，叶柄扁平。聚伞花序顶生，花萼裂片披针形；花冠橙黄色，大形，花冠下部长圆筒状，基部不膨大。蒴果球形。种子扁平，边缘膜质或具翅。春夏两季开花，冬季结果[1,2]（图44-1）。

图44-1 软枝黄蝉（*Allemanda cathartica*）

【化学成分】

软枝黄蝉中富含黄酮及其苷类[槲皮素（quercetin）、glabridin、芦丁（rutin）等]化合物，还含有环烯醚萜类、香豆素类、甾体类、蒽醌类、生物碱类、挥发油类等其他化学成分[3]（图44-2）。

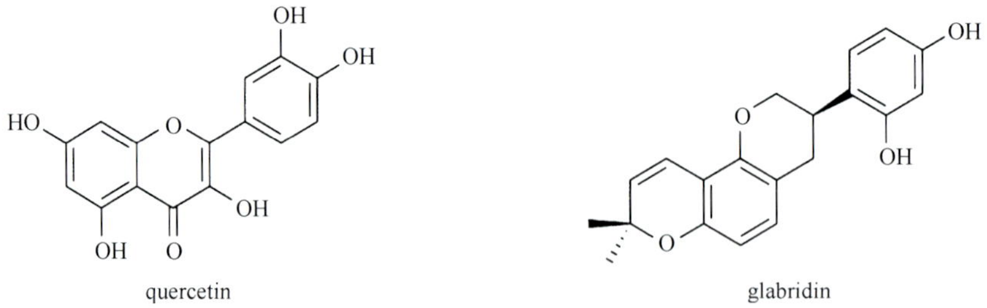

quercetin

glabridin

图44-2 软枝黄蝉中代表性化学成分的结构式

【药理作用】

软枝黄蝉叶的提取物具有抗氧化活性，可清除ABTS自由基[4]。其水提取物具有降血糖作用，可降低糖尿病大鼠的血糖水平[5]，并具有促进创面愈合的作用[6]。软枝黄蝉中含有的黄酮苷类化合物具有抗菌活性，对金黄色葡萄球菌和大肠埃希菌有显著的抑菌作用[7]。此外，从软枝黄蝉花中分离得到的环烯醚萜类化合物鸡蛋花苷（plumieride）还具有抗炎活性[8]。

【应用】

软枝黄蝉在巴西常用于治疗发热、黄疸、疟疾、疥疮、寄生虫感染、脾肿大等疾病[9]。

参 考 文 献

[1] 中国科学院中国植物志编辑委员会. 中国植物志 [M]. 北京：科学出版社，1977，63：76.

[2] https：//www.cabidigitallibrary.org/doi/10.1079/cabicompendium.4098

[3] Petricevich VL，Abarca-Vargas R. *Allamanda cathartica*：a review of the phytochemistry，pharmacology，toxicology，and biotechnology [J]. *Molecules*，2019，24（7）：1238.

[4] Hameed A，Nawaz G，Gulzar T. Chemical composition，antioxidant activities and protein profiling of different parts of *Allamanda cathartica* [J]. *Natural Product Research*，2014，28（22）：2066-2071.

[5] Satish S. Anti-diabetic activity of aqueous extract of aerial parts of *Allamanda cathartica* Linn. in diabetic rats induced by Alloxan [J]. *Indian Journal of Clinical Anatomy and Physiology*，2017，2（2）：50-54.

[6] Nayak S，Nalabothu P，Sandiford S，*et al*. Evaluation of wound healing activity of *Allamanda cathartica*. L. and *Laurus nobilis*. L. extracts on rats [J]. *BMC Complementary and Alternative Medicine*，2006，6（1）：1-6.

[7] Nisha P，Jyoti H. *In vitro* hepatoprotective activity of *Allamanda cathartica* Linn. on the BRL3A cell lines [J]. *International Journal of Pharmacy and Life Sciences*，2014，4（3）：1-11.

[8] Boeing T，de Souza P，Bonomini TJ，*et al*. Antioxidant and anti-inflammatory effect of plumieride in dextran sulfate sodium-induced colitis in mice [J]. *Biomedicine & Pharmacotherapy*，2018，99：697-703.

[9] Scio E，Mendes RF，Motta EVS，*et al*. Antimicrobial and antioxidant activities of some plant extracts [M]. Phytochemicals as nutraceuticals-global approaches to their role in nutrition and health. *IntechOpen*，2012，23.

肯氏驼峰楝

图45-1　肯氏驼峰楝（*Guarea kunthiana*）

【植物基源与形态】

肯氏驼峰楝（*Guarea kunthiana* A.Juss.）为楝科（Meliaceae）驼峰楝属植物，又名jatuauba、figo-do-mato、peloteira等，主要分布于巴西、厄瓜多尔等南美地区。肯氏驼峰楝为常绿乔木，高4～30 m。树冠密集，呈椭圆形状。树干圆柱状，直径40～70 cm[1, 2]（图45-1）。

【化学成分】

肯氏驼峰楝中主要含有以spathulenol、kolavelool、ecuadorin等为代表的萜类化合物[1, 3-5]（图45-2）。

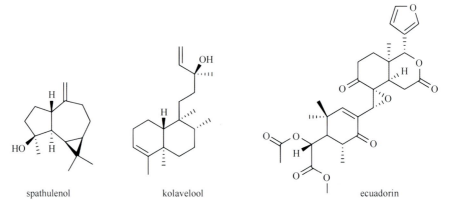

spathulenol　　　　　　kolavelool　　　　　　ecuadorin

图45-2　肯氏驼峰楝中代表性化学成分的结构式

【药理作用】

肯氏驼峰楝的提取物具有抗杜氏利什曼原虫活性[6]，且能提高人中性粒细胞的吞噬能力[7]。肯氏驼峰楝的挥发油对多种细菌（铜绿假单胞菌、金黄色葡萄球菌等）有抑菌作用，还具有抗氧化活性[1]。

【应用】

肯氏驼峰楝的果实可食用，树皮可用作抗炎药[7]，树皮的浸渍液可用于减轻妇女分娩后的不适感[8]。

参 考 文 献

[1] Pandini JA，Pinto FGS，Scur MC，*et al*. Chemical composition，antimicrobial and antioxidant potential of the essential oil of *Guarea kunthiana* A. Juss［J］. *Brazilian Journal of Biology*，2018，78（1）：53-60.

[2] http：//tropical.theferns.info/viewtropical.php?id=Guarea+kunthiana

[3] Garcez FR，Garcez WS，da Silva AFG，*et al*. Terpenoid constituents from leaves of *Guarea kunthiana*［J］. *Journal of the Brazilian Chemical Society*，2004，15（5）：767-772.

[4] Mootoo BS，Jativa C，Tinto WF，*et al*. Ecuadorin，a novel tetranortriterpenoid of *Guarea kunthiana*：structure elucidation by 2-D NMR spectroscopy［J］. *Canadian Journal of Chemistry*，1992，70（5）：1260-1264.

[5] Miguita CH，Hamerski L，Sarmento UC，*et al*. 3β-*O*-Tigloylmelianol from *Guarea kunthiana*：a new potential agent to control *Rhipicephalus*（*Boophilus*）*microplus*，a cattle tick of veterinary significance［J］. *Molecules*，2014，20（1）：111-126.

[6] Mesquita MLd，Desrivot J，Bories C，*et al*. Antileishmanial and trypanocidal activity of Brazilian Cerrado plants［J］. *Memorias do Instituto Oswaldo Cruz*，2005，100（7）：783-787.

[7] Jerjomiceva N，Seri H，Yaseen R，*et al*. *Guarea kunthiana* bark extract enhances the antimicrobial activities of human and bovine neutrophils［J］. *Natural Product Communications*，2016，11（6）：767-770.

[8] De la Torre L，Navarrete H，Muriel P，*ei al*. *Enciclopedia de las Plantas Utiles de Ecuador*（con extracto de datos）［M］. Ecuador：Herbario QCA de la Escuela de O Ciencias Biologicas de la Pontificia Universidad Catolica del Ecuador & Herbario AAU del Departamento de Ciencias Biologicas de la Universidad de Aarhus，2008，437.

46　罗　勒

图46-1　罗勒（*Ocimum basilicum*）

【植物基源与形态】

罗勒［*Ocimum basilicum*（L.）］为唇形科（Lamiaceae）罗勒属植物。罗勒为一年生草本，高20～80 cm。茎直立，绿色，多分枝。叶卵圆形，叶柄近于扁平，被微柔毛。花序总状，苞片细小，倒披针形；花萼钟形，外面被短柔毛，花冠淡紫色；花丝丝状，花药卵圆形。小坚果卵珠形，黑褐色[1]（图46-1）。

【化学成分】

罗勒中富含挥发油类（linalool、cineole、eugenol、isocaryophyllene、α-bergamotene、γ-cadinene等）成分[2, 3]，还含有芹菜素（apigenin）、乌苏酸（ursolic acid）等其他类型化合物[4]（图46-2）。

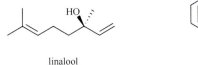

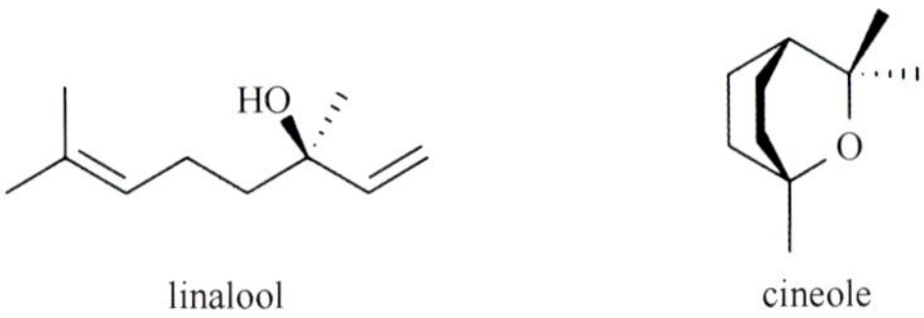

linalool　　　　　　　cineole

图46-2　罗勒中代表性化学成分的结构式

【药理作用】

罗勒的水和醇提取物均具有广谱抗病毒活性，罗勒中含有的芹菜素和乌苏酸有很强的抗单纯疱疹病毒、抗腺病毒和抗肠道病毒活性[4]。罗勒可改善哮喘模型大鼠的病理状态，其作用机制为提高IFN-γ/IL-4的比值，降低IgE、PLA_2和TP的水平[5]。

【应用】

罗勒全草可入药，用于治疗胃痛、胃痉挛、胃肠胀气等胃病，还可用于治疗风寒头痛、瘀肿、风湿性关节炎、湿疹、皮炎等[1]。

参 考 文 献

[1] 中国科学院中国植物志编委会. 中国植物志［M］. 北京：科学出版社，1994，66：561.

[2] Hussain AI，Anwar F，Sherazi STH，*et al*. Chemical composition，antioxidant and antimicrobial activities of basil（*Ocimum basilicum*）essential oils depends on seasonal variations ［J］. *Food Chemistry*，2008，108（3）：986-995.

［3］Ismail M. Central properties and chemical composition of *Ocimum basilicum*. essential oil ［J］. *Pharmaceutical Biology*，2006，44（8）：619-626.

［4］Chiang LC，Ng LT，Cheng PW，*et al*. Antiviral activities of extracts and selected pure constituents of *Ocimum basilicum* ［J］. *Clinical and Experimental Pharmacology and Physiology*，2005，32（10）：811-816.

［5］Eftekhar N，Moghimi A，Roshan NM，*et al*. Immunomodulatory and anti-inflammatory effects of hydro-ethanolic extract of *Ocimum basilicum* leaves and its effect on lung pathological changes in an ovalbumin-induced rat model of asthma ［J］. *BMC Complementary and Alternative Medicine*，2019，19（1）：349.

47 金脉爵床

【植物基源与形态】

金脉爵床（*Sanchezia speciosa* Leonard）是爵床科（Acanthaceae）黄脉爵床属植物，又名金脉单药花、黄脉爵床、斑马爵床，原产于厄瓜多尔、巴西等南美国家，现在我国的华南地区也有栽培。金脉爵床为常绿灌木，高达1～2 m，茎鲜红色。叶对生，长椭圆形，顶端渐尖或尾尖，叶缘有钝锯齿，深绿色，中脉黄色，侧脉乳白色至黄色；叶柄长1～2.5 cm。穗状花序顶生，苞片橙红色；雄蕊4，花丝细长；花柱细长，伸出冠外；花黄色，管状，长约5 cm[1]（图47-1）。

图47-1　金脉爵床（*Sanchezia speciosa*）

【化学成分】

金脉爵床中主要含有黄酮及其苷类［槲皮苷（quercitrin）等］和生物碱类（3-methyl-1*H*-benz［*f*］indole-4, 9-dione等）化合物，还含有甾体类、三萜类、酚酸类等其他类型化学成分[2, 3]（图47-2）。

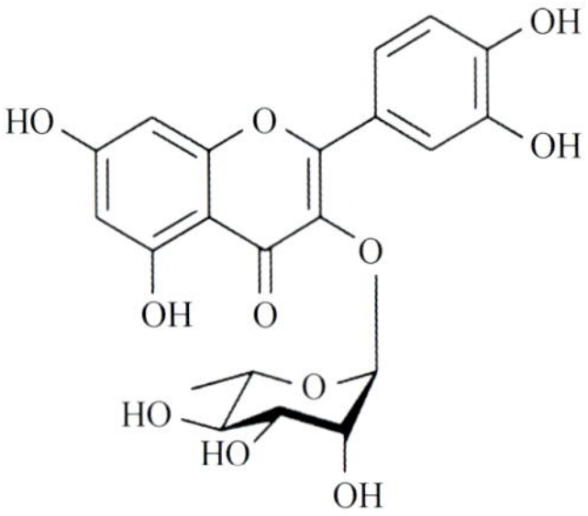

quercitrin

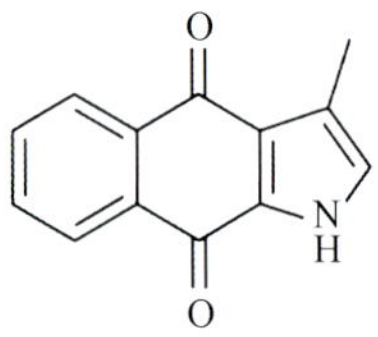

3-methyl-1*H*-benz[*f*]indole-4, 9-dione

图47-2　金脉爵床中代表性化学成分的结构式

【药理作用】

金脉爵床叶的醇提取物具有多种药理活性，包括：抗氧化活性，可有效清除DPPH自由基[2]；抗炎活性，对角叉菜胶诱导的小鼠足爪肿胀具有抑制作用；抗细菌、抗真菌活性[6]。此外，金脉爵床提取物还可抑制MCF-7、HeLa等肿瘤细胞的增殖[2, 4, 5]。

【应用】

金脉爵床可用于治疗胃炎等疾病[3]。

参 考 文 献

[1] Whistler WA. *Tropical ornamentals* [M]. Timber Press Portland，Oregon USA，2000.

[2] Thanh TB，Duc LV，Thanh HN，*et al*. *In vitro* antioxidant and anti-inflammatory activities of isolated compounds of ethanol extract from *Sanchezia speciosa* Leonard's leaves [J]. *Journal of Basic and Clinical Physiology and Pharmacology*，2017，28（1）：79-84.

[3] Rafshanjani MAS，Parvin S，Kader MA，*et al*. Preliminary phytochemical screening and cytotoxic potentials from leaves of *Sanchezia speciosa* Hook.f [J]. *International Journal of Advances in Scientific Research*，2015，1（3）：145-150.

[4] Looi CY，Paydar M，Wong YL，*et al*. *In vitro* anti-oxidant and anti-cancer activity of methanolic extract from *Sanchezia speciosa* leaves [J]. *Pakistan Journal of Biological Sciences*，2013，16（20）：1212-1215.

[5] Shaheen N，Uzair M，Ahmad ch B，*et al*. *In vitro* cytotoxicity of *Sanchezia speciosa* extracts on human epithelial cervical cancer（HeLa）cell line [J]. *Acta Poloniae Pharmaceutica-Drug Research*，2017，74（5）：1389-1394.

[6] Duc LV，Thanh TB，Hoang HV，*et al*. Phytochemical and anti-inflammatory effect from the leaf of *Sanchezia speciosa* Leonard growing in Vietnam [J]. *Journal of Chemical and Pharmaceutical Research*，2016，8（7）：309-315.

48 金嘴蝎尾蕉

图48-1　金嘴蝎尾蕉（*Heliconia rostrata*）

【植物基源与形态】

金嘴蝎尾蕉（*Heliconia rostrata* Ruiz & Pav.）是蝎尾蕉科（Heliconiaceae）蝎尾蕉属植物，又名倒垂赫蕉、五彩赫蕉、金鸟赫蕉，原产于美洲热带地区的阿根廷至秘鲁一带，在我国的华南地区有栽培。金嘴蝎尾蕉为多年生草本，株高可达6 m。叶片长圆形，叶面绿色，叶背亮紫色。顶生花序，直立，薄被短柔毛；苞片绿色，花被片红色，顶端绿色，狭圆柱形。果三棱形，灰蓝色，有种子不多于3颗。花期5～10月[1]（图48-1）。

【应用】

金嘴蝎尾蕉的叶和种子常用于滋补身体，也可用于治疗头痛、扭伤、糖尿病等[2, 3]。

参 考 文 献

[1]柏斌.金嘴蝎尾蕉[J].国土绿化，2012，（10）：52.

[2]Shahriar SMS，Farzana B，and Rahmatullah M. *Heliconia rostrata* Ruiz & Pav.（Heliconiaceae）-A previously unreported plant for treatment of diabetes and diabetes-induced edema[J]. *Asian Journal of Pharmacognosy*，2017，1（4）：51-54.

[3]Mollik MAH，Hassan AI，Paul TK，*et al*. A survey of medicinal plant usage by folk medicinal practitioners in two villages by the Rupsha River in Bagerhat district，Bangladesh.[J]. *American Eurasian Journal of Sustainable Agriculture*，2010，4（3）：349-356.

49 乳 茄

【植物基源与形态】

乳茄[*Solanum mammosum*（L.）]为茄科
（Solanaceae）茄属植物，原产于南美洲、中
美洲和加勒比海地区，现在我国广东、广西
及云南有引种。乳茄为草本植物，高约1.5 m，
具黄色或绿色的针状刺。叶宽卵形，长6～
20 cm，羽状浅裂，下叶面具扁平针状刺。花
序侧生，花萼裂片披针形，花冠紫色。果实卵
圆形，橙色或黄色，有一个或多个乳头状突
起。种子扁透镜状[1, 2]（图49-1）。

图49-1　乳茄（*Solanum mammosum*）

【化学成分】

乳茄果实中主要含有甾体生物碱及其苷类（solasodine、solamargine、solasonine等）化
合物，另含有少量的薯蓣皂苷元（diosgenin）、植物甾醇等其他类型化合物[3]（图49-2）。

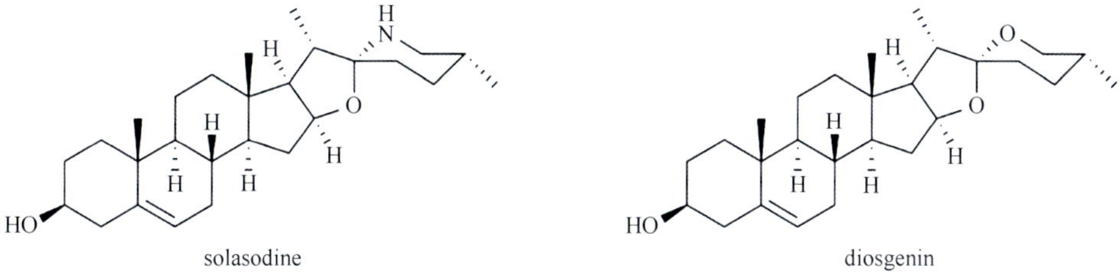

solasodine

diosgenin

图49-2　乳茄中代表性化学成分的结构式

【药理作用】

乳茄中所含有的甾体生物碱类化合物solamargine可诱导人肝癌 Hep3B 细胞的凋亡，其机
制可能与肿瘤坏死因子受体 TNFR-Ⅰ和 TNFR-Ⅱ有关[4]。此外，乳茄的提取物还具有中等
的体内抗疟活性[5]。

【应用】

在南美洲，乳茄主要用于治疗疮疖、皮疹等。乳茄中的毒性生物碱 solasodine 具有利尿、

抗癌、抗真菌、强心、抗精子生成等作用，是生产避孕药的前体。乳茄因富含solasodine等毒性生物碱类成分，还可用作蟑螂、老鼠和昆虫药[1,5,6]。

参 考 文 献

[1] https：//www.cabi.org/isc/datasheet/110316

[2] 中国科学院中国植物志编委会. 中国植物志［M］. 北京：科学出版社，1978，67：106.

[3] Lim TK. *Edible medicinal and non-medicinal plants*［M］. Springer，2012，364-369.

[4] Kuo KW，Hsu SH，Li YP，*et al*. Anticancer activity evaluation of the *Solanum* glycoalkaloid solamargine：triggering apoptosis in human hepatoma cells［J］. *Biochemical Pharmacology*，2000，60（12）：1865-1873.

[5] Munoz V，Sauvain M，Bourdy G，*et al*. The search for natural bioactive compounds through a multidisciplinary approach in Bolivia. Part Ⅱ. Antimalarial activity of some plants used by Mosetene indians［J］. *Journal of Ethnopharmacology*，2000，69（2）：139-155.

[6] De la Torre L，Navarrete H，Muriel P，*et al*. *Enciclopedia de las Plantas Útiles del Ecuador*（con extracto de datos）［M］. Herbario QCA de la Escuela de Ciencias Biológicas de la Pontificia Universidad Católica del Ecuador & Herbario AAU del Departamento de Ciencias Biológicas de la Universidad de Aarhus，2008，597.

50 肿 柄 菊

【植物基源与形态】

肿柄菊[*Tithonia diversifolia*(Hemsl.)A. Gray.]为菊科（Asteraceae）肿柄菊属植物，又名黄斑肿柄菊、墨西哥向日葵、太阳菊，原产墨西哥，后被广泛引种到亚洲、非洲、北美、澳洲的许多国家和地区。肿柄菊为一年生草本，高2～5 m。茎直立，有粗壮的分枝，被稠密的短柔毛。叶卵形或卵状三角形，长7～20 cm，3～5深裂，有长叶柄。头状花序大，宽5～15 cm；总苞片4层，外层椭圆形或椭圆状披针形，基部革质；内层苞片长披针形，上部叶质或膜质，顶端钝；舌状花1层，黄色，舌片长卵形，顶端有不明显的3齿；管状花黄色。瘦果长椭圆形，长约4 mm，扁平，被短柔毛。花果期9～11月[1]（图50-1）。

图50-1　肿柄菊（*Tithonia diversifolia*）

【化学成分】

肿柄菊中主要含有以tagitinin C、8β-isobutyryloxycumambranolide等为代表的倍半萜类化合物，还含有黄酮类、二萜类、蒽醌类、挥发油类、神经酰胺类等其他化学成分[2, 3]（图50-2）。

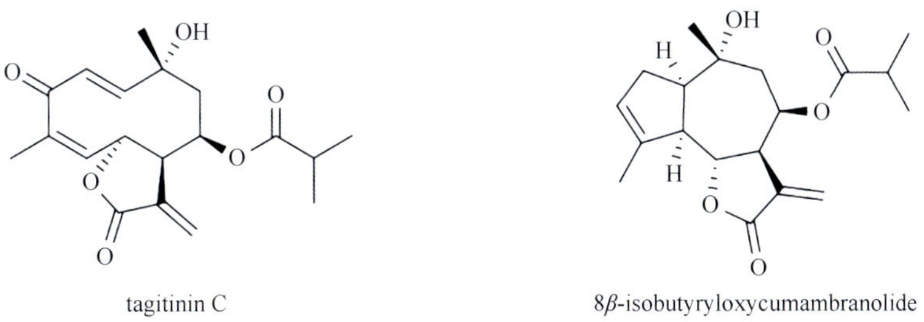

tagitinin C

8β-isobutyryloxycumambranolide

图50-2　肿柄菊中代表性化学成分的结构式

【药理作用】

肿柄菊的挥发油类成分具有抗氧化活性，可有效清除DPPH自由基[4]。其挥发油还具有抗菌活性，对多种细菌（大肠埃希菌、肺炎克雷伯菌、链球菌等）有显著的抑菌作用[5]。肿柄菊的水提取物和醇提取物均具有良好的降血糖活性，可使2型糖尿病KK-Ay小鼠的血糖水平降低、血浆胰岛素水平下降[6]。肿柄菊中含有的倍半萜类化合物具有抗炎活性，能抑制转录因子NF-κB的激活，使炎症趋化因子等炎症介质减少[7]。其倍半萜类成分还具有抗肿瘤活性，可显著抑制癌细胞的增殖[8]。此外，肿柄菊中含有的萜类化合物tagitinin C还具有抗疟原虫活性[9]。

【应用】

在委内瑞拉，肿柄菊被用于治疗脓肿和肌肉痉挛[10]。在印度，肿柄菊的叶常被用于治疗擦伤、伤口感染等[11]。

参 考 文 献

[1] 中国科学院中国植物志编辑委员会. 中国植物志[M]. 北京：科学出版社，1979，75：356.

[2] 赵贵钧，郑友兰，陆文铨，等. 肿柄菊的化学成分及药理作用研究进展[J]. 现代药物与临床，2010（2）：102-108+123.

[3] Ajao AA，Moteetee AN. *Tithonia diversifolia*（Hemsl）A. Gray.（Asteraceae：Heliantheae），an invasive plant of significant ethnopharmacological importance：A review[J]. *South African Journal of Botany*，2017，113：396-403.

[4] Orsomando G，Agostinelli S，Bramucci M，*et al.* Mexican sunflower（*Tithonia diversifolia*，Asteraceae）volatile oil as a selective inhibitor of *Staphylococcus aureus* nicotinate mononucleotide adenylyltransferase（NadD）[J]. *Industrial Crops and Products*，2016，85：181-189.

[5] Agboola OO，Oyedeji S，Ajao A，*et al.* Chemical composition and antimicrobial activities of essential oil extracted from *Tithonia diversifolia*（Asteraceae）flower[J]. *Journal of Bioresources and Bioproducts*，2016，1（4）：169-176.

[6] Miura T，Furuta K，Yasuda A，*et al.* Antidiabetic effect of nitobegiku in KK-Ay diabetic mice[J]. *The American journal of Chinese Medicine*，2002，30（1）：81-86.

[7] Rüngeler P，Lyß G，Castro V，*et al.* Study of three sesquiterpene lactones from *Tithonia diversifolia* on their anti-inflammatory activity using the transcription factor NF-κB and enzymes of the arachidonic acid pathway as targets[J]. *Planta Medica*，1998，64（7）：588-593.

[8] Gu JQ，Gills JJ，Park EJ，*et al.* Sesquiterpenoids from *Tithonia diversifolia* with potential cancer chemopreventive activity[J]. *Journal of Natural Products*，2002，65（4）：532-536.

[9] Goffin E，Ziemons E，De Mol P，*et al.* *In vitro* antiplasmodial activity of *Tithonia diversifolia* and identification of its main active constituent：tagitinin C[J]. *Planta Medica*，2002，68（6）：543-545.

[10] Frei B，Baltisberger M，Sticher O，*et al.* Medical ethnobotany of the Zapotecs of the Isthmus-Sierra（Oaxaca，Mexico）：Documentation and assessment of indigenous uses[J]. *Journal of Ethnopharmacology*，1998，62（2）：149-165.

[11] Kuo YH，Chen CH. Diversifolol，a novel rearranged eudesmane sesquiterpene from the leaves of *Tithonia diversifolia*[J]. *Chemical and Pharmaceutical Bulletin*，1997，45（7）：1223-1224.

51 变 叶 木

【植物基源与形态】

变叶木［*Codiaeum variegatum*（L.）A. Juss.］为大戟科（Euphorbiaceae）变叶木属植物，又名洒金榕，主要分布于亚洲马来半岛至大洋洲的热带区域。变叶木为灌木或小乔木，枝条无毛。叶薄革质，有线形、椭圆形、倒卵形等。花雌雄同株，总状花序腋生，长 8～30 cm；雄花白色，花梗纤细；雌花淡黄色，花梗较粗。蒴果近球形，稍扁，无毛，径约 9 mm[1]（图 51-1）。

图 51-1　变叶木（*Codiaeum variegatum*）

【化学成分】

变叶木中主要含有鞣花酸类（ellagic acid 等）、黄酮类［（－）-epicatechin 等］、生物碱类（hemiargyrine 等）、三萜类（α-amyrin 等）等化学成分[2]（图 51-2）。

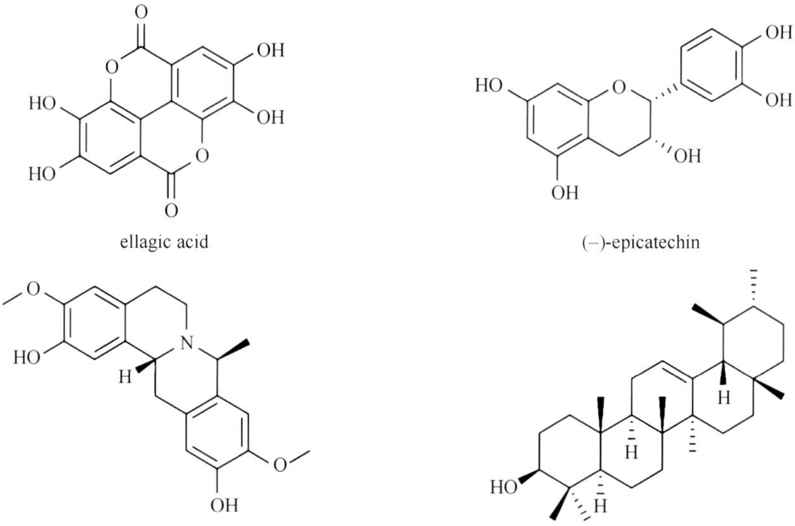

ellagic acid

(−)-epicatechin

hemiargyrine

α-amyrin

图 51-2　变叶木中代表性化学成分的结构式

【药理作用】

变叶木的粗提物对HepG2、PC3等肿瘤细胞具有抗增殖作用。变叶木还具有抗氧化作用，可清除DPPH自由基[3]。

【应用】

变叶木可用于治疗胃溃疡、腹泻[2]、痈肿疮毒、毒蛇咬伤等[4]。

参 考 文 献

[1] 中国科学院中国植物志编辑委员会. 中国植物志[M]. 北京：科学出版社，1996，44（2）：149.

[2] Mfotie Njoya E，Moundipa Fewou P，Niedermeyer THJ. *Codiaeum variegatum*（L.）Rumph. ex A. Juss.（Euphorbiaceae）：an overview of its botanical diversity，traditional uses，phytochemistry，pharmacological effects and perspectives towards developing its plant-based products [J]. *Journal of Ethnopharmacology*，2021，277：114244.

[3] Anim MT，Larbie C，Appiah-Opong R，*et al*. Extracts of *Codiaeum variegatum*（L.）A. Juss is cytotoxic on human leukemic，breast and prostate cancer cell lines [J]. *Journal of Applied Pharmaceutical Science*，2016，6（11）：87-93.

[4] 廖加富，朱康乐. 变叶木应用浅谈[J]. 花卉，2011，6：17.

52 宝 乐 果

【植物基源与形态】

宝乐果（*Borojoa patinoi* Cuatrec.）为茜草科（Rubiaceae）林果属植物，又名博罗霍，主要分布于南美洲亚马孙河流域的热带雨林。宝乐果为灌木，雌雄异株，树小，叶长。雄花簇生，花序顶生，圆锥形，短圆锥花萼，乳白色；雌花单生，顶生两部分，内部短、近盘状，外部呈椭圆形或披针形，乳白色。果实生时青，熟时棕，呈球形，直径达7~12 cm，散发香味，果皮硬且光滑，果肉黏稠、气香、微酸[1]（图52-1）。

图52-1　宝乐果（*Borojoa patinoi*）

【化学成分】

宝乐果中主要含有维生素C、果酸、糖分及环烯醚萜类｛ixoside、shanzhiside、garjasmin、8, 9-unsaturated iridoid、（3a*S*, 6a*R*)-2-oxo-3, 3a, 4, 6a-tetrahydro-2*H*-cyclopenta［*b*］furan-6-carboxylic acid 等｝成分，还含有少量的黄酮类、三萜类、酚酸类、挥发油类等其他化学成分[2-4]（图52-2）。

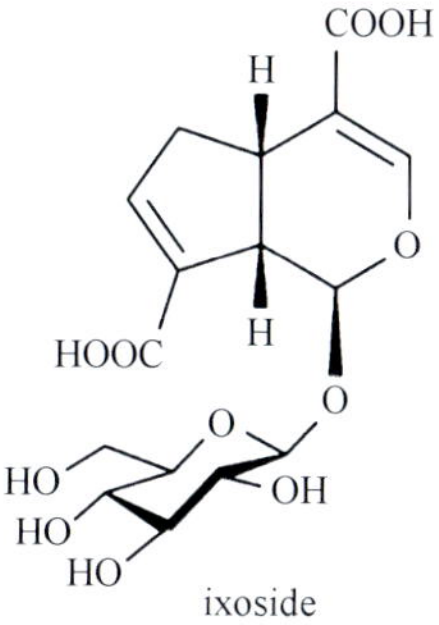

ixoside

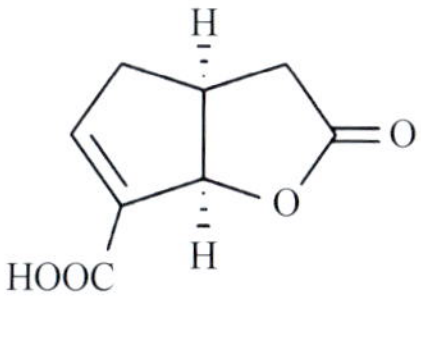

（3a*S*, 6a*R*)-2-oxo-3, 3a, 4, 6a-tetrahydro-2*H*-cyclopenta[*b*]furan-6-carboxylic acid

图52-2　宝乐果中代表性化学成分的结构式

【药理作用】

宝乐果果实具有抗氧化活性，可有效清除DPPH自由基[5]，并对紫外线UVA辐射导致的小鼠胚胎NIH/3T3细胞损伤有保护作用[6]。其果实还可抑制黑色素生成[7]，具有一定的防晒美白功效。宝乐果果实的水提取物对多种细菌（沙门菌、李斯特菌、金黄色葡萄球菌和大肠埃希菌）及真菌（白色念珠菌和黑曲霉）均具有一定的抑菌活性[3, 8, 9]。宝乐果果实中的多糖类成分能显著改善小鼠的细胞免疫功能及单核巨噬细胞的功能，增强免疫力[10]。从宝乐果中分离得到的环烯醚萜类化合物具有良好的抗炎和降血糖活性[2]。

【应用】

宝乐果的果实在南美地区以鲜果食用，或制成果酱、果汁等，具有降血压、降血糖、增强免疫等功效。宝乐果果实还可作为美白护肤产品的天然原料，已开发出系列产品，包括面膜、眼霜等。宝乐果粉于2017年被中国国家卫计委批准为新资源食品。

参 考 文 献

[1] Natalia Barrera Bailón. Determinación de sustancias antimicrobianas del borojó [D]. *Pontifica Universidad Javeriana*, 2011.

[2] 叶文才，范春林，王英，等. 一种宝乐果单体、提取物及其制备方法和应用[P]. 中国发明专利，广东省：ZL201810842071.4, 2022-3-15.

[3] 梁公壁，梁志强，焦红，等. Borojo活性提取物及其制备方法和抗菌抗氧化用途[P]. 中国发明专利，厄瓜多尔：ZL201110236556.7, 2013-12-18.

[4] 徐方方，鲁亦乐，李铮，等. 宝乐果挥发油的GC-MS分析[J]. 现代仪器，2012，18（6）：74-76.

[5] 鲁亦乐，徐方方，李金维，等. 宝乐果体外抗氧化作用[J]. 国际药学研究杂志，2013，40（6）：817-821.

[6] 李宏，焦红，杨颖，等. 宝乐果粉及其提取物降低小鼠胚胎NIH/3T3细胞UV损伤作用研究[J]. 中国美容医学，2012，21（18）：63-65.

[7] 孟平，胡烨敏，向文浩，等. 新食品原料宝乐果美白祛斑效果评价[J]. 食品安全质量检测学报，2018，9（15）：4030-4037.

[8] Lopez CC, Mazzarrino G, Rodriguez A, Fernandez-Lopez J, *et al*. Assessment of antioxidant and antibacterial potential of borojo fruit（*Borojoa patinoi* Cuatrecasas）from the rainforests of South America [J]. *Industrial Crops and Products*, 2015, 63: 79-86.

[9] Chaves-Lopez C, Usai D, Donadu MG, *et al*. Potential of *Borojoa patinoi* Cuatrecasas water extract to inhibit nosocomial antibiotic resistant bacteria and cancer cell proliferation *in vitro* [J]. *Food & Function*, 2018, 9（5）：2725-2734.

[10] 黎奔，廖康生，徐方方，等. 宝乐果多糖的体内免疫活性研究[J]. 中国免疫学杂志，2015，31（10）：1342-1346.

53 草 胡 椒

【植物基源与形态】

草 胡 椒［*Peperomia pellucida*（L.）Kunth］为胡椒科（Piperaceae）草胡椒属植物，原产于美洲热带地区，现广布于全球的热带地区。草胡椒为一年生肉质草本，高15～45 cm。短茎、短根，茎直立而多汁，呈半透明绿色。叶对生或互生，呈卵状三角形，叶薄且为肉质，表面光滑，叶柄可至1.5 cm。穗状花序顶生，两性花，无花被且极小。种子细小，果实呈球状[1, 2]（图53-1）。

图53-1　草胡椒（*Peperomia pellucida*）

【化学成分】

草胡椒中主要含有木脂素类（peperomin A等）和黄酮类（isovitexin等）化合物，还有少量的甾体类和挥发油类成分[1, 2]（图53-2）。

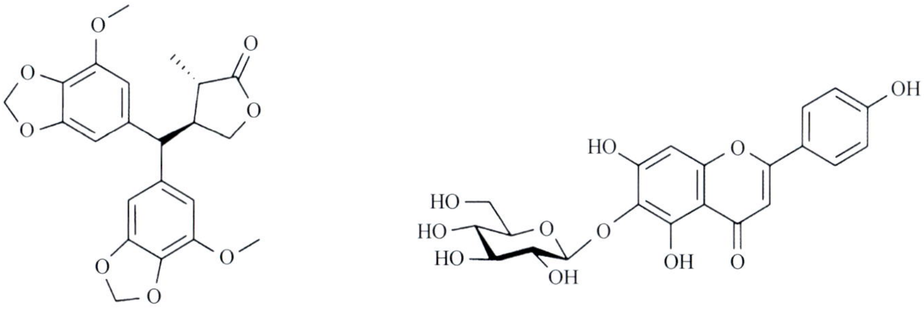

peperomin A

isovitexin

图53-2　草胡椒中代表性化学成分的结构式

【药理作用】

草胡椒的提取物及挥发油对多种细菌（铜绿假单胞菌、大肠埃希菌等）和真菌（白色念珠菌、黑曲霉等）均具有一定的抑菌活性[1-4]，其还可以清除DPPH、ABTS等自由基，具一定的抗氧化活性[1-3]。草胡椒提取物还具有降血压[5]、镇静催眠[6]、促进骨修复[7]、预防骨质疏松[8]、抗胃溃疡[9]、降血糖[1, 2, 10, 11]、抗炎镇痛[10, 12]、抗晕厥[13]、止泻[14]、溶栓[14]、促毛发生长[15]等活性。此外，草胡椒及其所富含的木脂素类化合物还对人乳腺癌MCF-7

细胞、急性粒细胞白血病 HL-60 细胞、宫颈癌 HeLa 细胞等多种人肿瘤细胞株具有抗增殖活性[3, 16]。

【应用】

草胡椒在世界各地均可被用作食品和调味品，还常用于治疗发热、感冒、咳嗽、病毒性疾病、风湿性疼痛、哮喘、阴道感染、肾脏感染等[1, 2]。

参 考 文 献

[1] Alves NSF，Setzer WN，da Silva JKR. The chemistry and biological activities of *Peperomia pellucida*（Piperaceae）: A critical review [J]. *Journal of Ethnopharmacology*，2019，232: 90-102.

[2] Raghavendra HL，Prashith Kekuda TR. Ethnobotanical uses，phytochemistry and pharmacological activities of *Peperomia pellucida*（L.）Kunth（Piperaceae）-a review [J]. *International Journal of Pharmacy and Pharmaceutical Sciences*，2018，10（2）: 1-8.

[3] Wei LS，Wee W，Siong JYF *et al*. Characterization of anticancer，antimicrobial，antioxidant properties and chemical compositions of *Peperomia pellucida* leaf extract [J]. *Acta Medica Iranica*，2011，49（10）: 670-674.

[4] Khan A，Rahman M，Islam MS. Isolation and bioactivity of a xanthone glycoside from *Peperomia pellucida* [J]. *Life Sciences and Medicine Research*，2010，1-10.

[5] Nwokocha CR，Owu DU，Kinlocke K，*et al*. Possible Mechanism of action of the hypotensive effect of *Peperomia pellucida* and interactions between human cytochrome P450 enzymes [J]. *Medicinal & Aromatic Plants*，2012，1（4）: 1-5.

[6] Khan A，Rahman M，Islam MS. Neuropharmacological effects of *Peperomia pellucida* leaves in mice [J]. *Daru-Journal of Faculty of Pharmacy*，2008，16（1）: 35-40.

[7] Ngueguim FT，Khan MP，Donfack JH，*et al*. Ethanol extract of *Peperomia pellucida*（Piperaceae）promotes fracture healing by an anabolic effect on osteoblasts [J]. *Journal of Ethnopharmacology*，2013，148（1）: 62-68.

[8] Putri CA，Kartika IGAA，Adnyana IK. Preventive effect of *Peperomia pellucida*（L.）Kunth herbs on ovariectomy-induced osteoporotic rats [J]. *Journal of Chinese Pharmaceutical Sciences*，2016，7（25）: 546-551.

[9] Ah R，Aini N. Evaluation of gastroprotective effects of the ethanolic extract of *Peperomia pellucida*（L）Kunth [J]. *Pharmacologyonline*，2009，678-686.

[10] Paul S. Hypoglycemic，anti-inflammatory and analgesic activity of *Peperomia pellucida*（L.）HBK（Piperaceae）[J]. *International Journal of Pharmaceutical Sciences and Research*，2013，4（1）: 458-463.

[11] Susilawati Y，Nugraha R，Krishnan J，*et al*. A new antidiabetic compound 8，9-dimethoxy ellagic acid from Sasaladaan（*Peperomia pellucida* L. Kunth）[J]. *Research Journal of Pharmaceutical，Biological and Chemical Sciences*，2017，8（1S）: 269-274.

[12] Aziba PI，Adedeji A，Ekor M，*et al*. Analgesic activity of *Peperomia pellucida* aerial parts in mice [J]. *Fitoterapia*，2001，72（1）: 57-58.

[13] Abere TA，Okpalaonyagu SO. Pharmacognostic evaluation and antisickling activity of the leaves of *Peperomia pellucida*（L.）HBK（Piperaceae）[J]. *African Journal of Pharmacy and Pharmacology*，2015，9（21）: 561-566.

[14] Zubair KL，Samiya JJ，Jalal U，*et al*. *In vitro* investigation of antdiarrhoeal，antimicrobial and thrombolytic activities of aerial parts of *Peperomia pellucida* [J]. *Pharmacologyonline*，2015，3（6）: 5-13.

[15] Kanedi M，Lande ML，Nurcahyani N，*et al*. Hair-growth promoting activity of plant extracts of suruhan（*Peperomia pellucida*）in rabbits [J]. *IOSR Journal of Pharmacy and Biological Sciences*，2017，12（5）: 18-23.

[16] Xu S，Li N，Ning MM，*et al*. Bioactive compounds from *Peperomia pellucida* [J]. *Journal of Natural Products*，2006，69（2）: 247-250.

54 南美水仙

【植物基源与形态】

南美水仙（*Eucharis grandiflora* Planch. et Linden）为石蒜科（Amaryllidaceae）南美水仙属植物，原产于哥伦比亚和秘鲁的安第斯山脉[1]。南美水仙为多年生常绿草本，具鳞茎。叶片宽大，长25～32 cm，宽8～13 cm，椭圆形或长卵形；全缘，顶端渐尖，基部下延，叶面深绿具光泽。顶端聚生伞形花序，圆形着生5朵花，芳香，花冠白色，花瓣6枚，长约4 cm，宽2 cm，开展幅度5～9 cm；花冠圆钟形。花期1～6月或9～12月[2]（图54-1）。

图54-1　南美水仙（*Eucharis grandiflora*）

【化学成分】

南美水仙中主要含有以石蒜碱（lycorine）、trispheridine、ismine等为代表的生物碱类化合物[3,4]。此外，还含有tectoridin等异黄酮类化合物[5]（图54-2）。

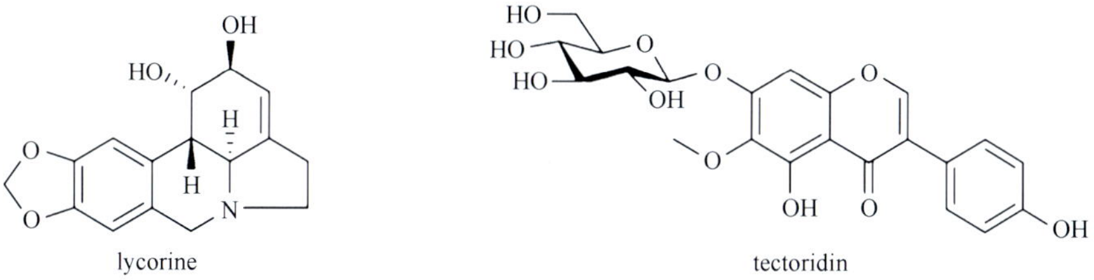

lycorine

tectoridin

图54-2　南美水仙中代表性化学成分的结构式

【药理作用】

南美水仙的鳞茎提取物具有抗乙酰胆碱酯酶活性[6]。南美水仙鳞茎中的生物碱类成分具有多种药理活性，如：lycorine具有催吐、抗白血病、抗菌[5]、镇痛、抗炎和呼吸兴奋作用[3]，其还可抑制K-ras-NRK细胞中的蛋白质合成并降低胞内肾素含量[4]；galantamine具有可逆的乙酰胆碱酯酶抑制活性，可被用于治疗阿兹海默症[3]。南美水仙属植物中的生物碱类成分对多种肿瘤细胞系具有细胞毒活性[7]。

【应用】

在哥伦比亚，南美水仙可被用于治疗心脏疾病。在厄瓜多尔，南美水仙常被用于治疗荨麻疹、蚊虫叮咬、蛇咬伤等，当地原住民会将南美水仙属植物的鳞茎捣碎制成膏药用于治疗疮和肿瘤。秘鲁的印第安人习用南美水仙属植物鳞茎中的粘液来治疗面部斑点和痤疮[8]。在los Cofanes 部落，南美水仙全株（包括鳞茎）也被用做催吐剂[3]。

参 考 文 献

[1] Fuji S，Kikuchi M，Ueda S，*et al*. Characterization of a new anulavirus isolated from Amazon lily plants [J]. *Archives of Virology*，2013，158（1）：201-206.

[2] 林金清. 亭亭玉立的南美水仙花 [J]. 中国花卉盆景，1998，（8）：17.

[3] Cabezas F，Argoti J，Martinez S，*et al*. Alcaloides y actividad biológica en *Eucharis amazonica*，*E. grandiflora*，*Caliphruria subedentata* y *Crinum kunthianum*，especies colombianas de Amaryllidaceae [J]. *Scientia et Technica*，2007，13（33）：237-241.

[4] Kushida N，Atsumi S，Koyano T，*et al*. Induction of flat morphology in K-ras-transformed fibroblasts by lycorine，an alkaloid isolated from the tropical plant *Eucharis grandiflora* [J]. *Drugs Under Experimental and Clinical Research*，1997，23（5-6）：151.

[5] Miksatkova P，Lankova P，Huml L，*et al*. Isoflavonoids in the Amaryllidaceae family [J]. *Natural Product Research*，2014，28（10）：690-697.

[6] Rhee IK，Appels N，Luijendijk T，*et al*. Determining acetylcholinesterase inhibitory activity in plant extracts using a fluorimetric flow assay [J]. *Phytochemical Analysis*，2003，14（3）：145-149.

[7] Nair JJ，van Staden J. Cytotoxicity studies of lycorine alkaloids of the Amaryllidaceae [J]. *Natural Product Communications*，2014，9（8）：1193-1210.

[8] Cabezas F，Ramirez A，Viladomat F，*et al*. Alkaloids from *Eucharis amazonica*（Amaryllidaceae）[J]. *Chemical & Pharmaceutical Bulletin*，2003，51（3）：315-317.

55 南 美 茄

【植物基源与形态】

南美茄（*Witheringia solanacea* L'Hér）为
茄科（Solanaceae）植物，主要分布于中美洲
地区。该植物为矮灌木，一般不足5 m。叶暗绿
色，有短柔毛。花黄绿色，在基部有深绿色的
斑点。果实鲜红色，7～12 mm，形似番茄[1, 2]
（图55-1）。

【化学成分】

南美茄主要含有以physalin B、physalin D、
physalin F等为代表的苦味素类成分[3]，还有
少量的生物碱类、皂苷类、鞣质类、黄酮类、蒽醌类等其他化学成分[4]（图55-2）。

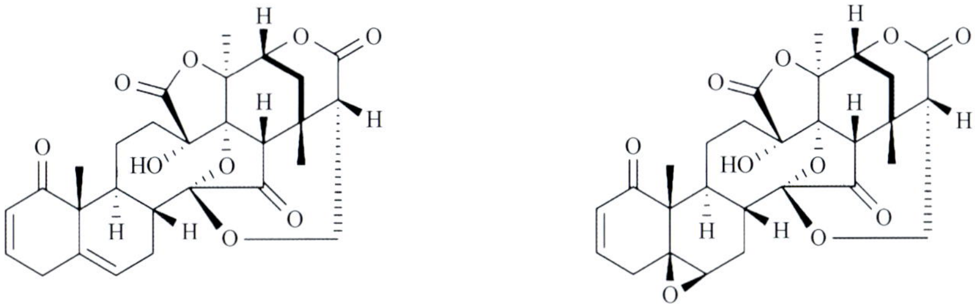

图55-1　南美茄（*Witheringia solanacea*）

physalin B

physalin F

图55-2　南美茄中代表性化学成分的结构式

【药理作用】

南美茄中含有的苦味素类化合物physalin B和physalin F具有抗炎活性，可抑制佛波醇
12-十四烷酸酯-13-乙酸酯（PMA）诱导的NF-κB活化和细胞凋亡[3]。其水提取物具有降血
糖作用，可显著降低四氧嘧啶诱导的高血糖大鼠的血糖水平[4]；并且南美茄的70%乙醇提取
物还具有较好的抗疟疾作用[5]。

【应用】

南美茄被巴拿马人用于治疗疼痛和高血压[6]；在亚马孙河流域，该植物被当地土著人用

于治疗疥疮、蛇咬伤、皮疹、过敏、腹泻、流感等[7]。

参 考 文 献

[1] Doyle S. Predicted *Witheringia solanacea* Habitat in Costa Rica [J]. *Atlas of Maine*，2012，（2）：9.

[2] https：//www.worldfloraonline.org/taxon/wfo-0001032882

[3] Jacobo-Herrera NJ，Bremner P，Márquez N，*et al*. Physalins from *Witheringia solanacea* as Modulators of the NF-κB Cascade [J]. *Journal of Natural Products*，2006，69（3）：328-331.

[4] Herrera C，García-Barrantes PM，Binns F，*et al*. Hypoglycemic and antihyperglycemic effect of *Witheringia solanacea* in normal and alloxan-induced hyperglycemic rats [J]. *Journal of Ethnopharmacology*，2011，133（2）：907-910.

[5] Chinchilla M，Valerio I，Sánchez R，*et al*. *In vitro* antimalarial activity of extracts of some plants from a biological reserve in Costa Rica [J]. *Revista de Biología Tropical*，2012，60（2）：881-891.

[6] Caballero-George C，Vanderheyden PML，Solis PN，*et al*. Biological screening of selected medicinal Panamanian plants by radioligand-binding techniques [J]. *Phytomedicine*，2001，8（1）：59-70.

[7] De la Torre L，Navarrete H，Muriel P，*et al*. *Enciclopedia de las Plantas Útiles del Ecuador*（con extracto de datos）[M]. Ecuador：Herbario QCA de la Escuela de Ciencias Biológicas de la Pontificia Universidad Católica del Ecuador & Herbario AAU del Departamento de Ciencias Biológicas de la Universidad de Aarhus，2008，597.

56　南美油藤

【植物基源与形态】

南美油藤[*Plukenetia volubilis*(L.)]为大戟科（Euphorbiaceae）星油藤属植物，又名印加果、印加花生，原产于南美洲，主要分布于哥伦比亚、厄瓜多尔、秘鲁、巴西等国家。南美油藤为雌雄同株，草本或木质的多年生攀援常绿植物。叶片卵形至心形。花单性，在总状聚伞花序中几朵雄花位于1朵或几朵雌花之上，花小，有绿色至乳白色的萼片。果实大，蒴果龙骨状凸起、有棱翅。种子近圆形或椭圆形，成熟时由绿色变为深棕色，直径1.5～2 cm[1-4]（图56-1）。

图56-1　南美油藤（*Plukenetia volubilis*）

【化学成分】

南美油藤主要含有不饱和脂肪酸（α-亚麻酸等）、甾醇类（β-谷甾醇等）和生育酚类（γ-和δ-生育酚等）[2,3]化合物，还含有环烯醚萜类（oleuropein aglycon等）、黄酮类［木犀草素（luteolin）等］、木脂素类［松脂醇（pinoresinol）等］[5]、生物碱类等其他化学成分[4]（图56-2）。

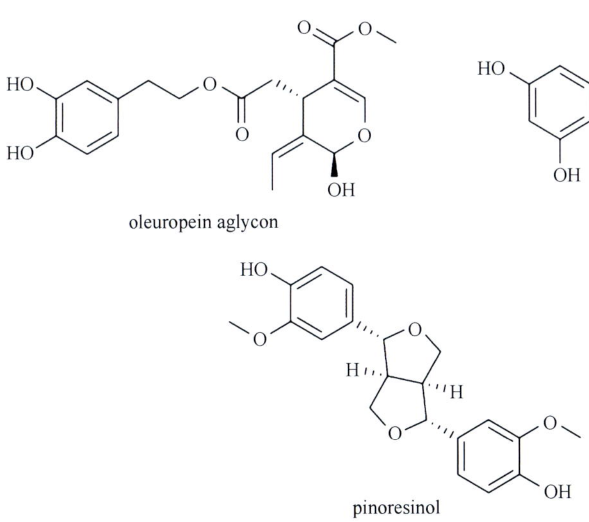

oleuropein aglycon

luteolin

pinoresinol

图56-2　南美油藤中代表性化学成分的结构式

【药理作用】

南美油藤具有抗肿瘤作用，其叶的提取物可抑制HeLa、A549等肿瘤细胞增殖，诱导其早期凋亡和晚期凋亡；其种子油可减少大鼠Walker 256肿瘤重量和增殖以及肿瘤组织中COX-2的表达[2,3]。南美油藤具有抗氧化作用，能清除DPPH自由基，其叶的抗氧化活性成分为萜类、皂苷类和酚类化合物，种子的抗氧化活性物质为酚类、生育酚类、类胡萝卜素等[2,4]。此外，南美油藤还具有抗菌、降血脂[2]、抗炎[6]、降血压等作用[7]。

【应用】

南美油藤可用于治疗冠心病、中风及恶性肿瘤[3]。在秘鲁，南美油藤的种子油常用于预防心血管疾病，还可用于治疗高血压、过敏性鼻炎、支气管哮喘等。此外，南美油藤的种子油还具有抗皱、抗衰老作用，可开发为化妆品[4]。

参 考 文 献

[1] De la Torre L，Navarrete H，Muriel P，*et al. Enciclopedia de las Plantas Útiles del Ecuador*（*con extracto de datos*）[M]. Ecuador：Herbario QCA de la Escuela de Ciencias Biológicas de la Pontificia Universidad Católica del Ecuador & Herbario AAU del Departamento de Ciencias Biológicas de la Universidad de Aarhus，2008，597.

[2] Wang S，Zhu F，Kakuda Y. *Sacha inchi*（*Plukenetia volubilis* L.）：Nutritional composition，biological activity，and uses [J]. *Food Chemistry*，2018，265（1）：316-328.

[3] 林锦铭，谢蓝华，李俊健，等. 美藤果加工与综合利用研究进展[J]. 食品工业科技，2021，42（5）：335-341.

[4] 周海兰. 星油藤繁殖和应用的研究进展[J]. 农业研究与应用，2020，33（3）：50-55.

[5] Fanali C，Dugo L，Cacciola F，*et al*. Chemical characterization of *Sacha inchi*（*Plukenetia volubilis* L.）oil [J]. *Journal of Agricultural and Food Chemistry*，2011，59（24）：13043-13049.

[6] Nascimento AKL，Melo-Silveira RF，Dantas-Santos N，*et al*. Antioxidant and antiproliferative activities of leaf extracts from *Plukenetia volubilis* L.（Euphorbiaceae）[J]. *Evidence-Based Complementray and Alternative Medicine*，2013：950272.

[7] 蔡欣，马晓伟，黎攀，等. 美藤果壳提取物降血压功效的研究[J]. 食品研究与开发，2019，40（23）：87-92.

57 南美甜樟

【植物基源与形态】

南美甜樟[*Ocotea quixos*（Lam.）Kosterm.]为樟科（Lauraceae）甜樟属植物，因其具有类似肉桂的香味，故又称南美肉桂，主要分布于南美洲的厄瓜多尔和哥伦比亚地区。南美甜樟为中小型树木，高5～20 m。叶片为革质，正面为亮绿色，背面为淡黄色，叶脉微红色。花蕾绿色，花白色。果实具有二态型特征[1]（图57-1）。

图57-1 南美甜樟（*Ocotea quixos*）

【化学成分】

南美甜樟花萼的挥发油中主要含有*trans*-cinnamaldehyde、methyl cinnamate、*p*-cymene等芳香类化合物[2]（图57-2）。

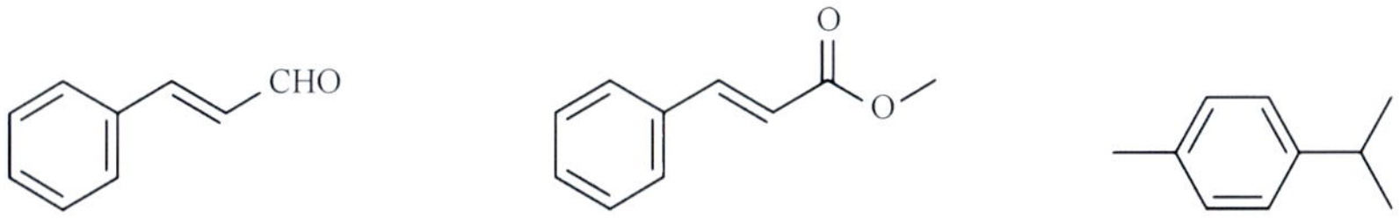

trans-cinnamaldehyde   methyl cinnamate   *p*-cymene

图57-2 南美甜樟挥发油中代表性化学成分的结构式

【药理作用】

南美甜樟的挥发油具有良好的抗氧化活性，可有效清除DPPH、ABTS等自由基，其抗氧化活性成分为反式肉桂醛和甲氧基肉桂醛。南美甜樟的挥发油对多种细菌（铜绿假单胞菌、金黄色葡萄球菌等）和真菌（酿酒酵母、白色念珠菌等）均具有较好的抑菌活性，其活性成分为乙酰桂醛[2,3]。此外，南美甜樟挥发油还具有抗血栓[1]、抗病毒[4]及抗炎[5]活性。

【应用】

从印加时期开始，南美甜樟就因具有芳香性气味而备受关注，亚马孙土著人常用其制作香料。此外，民间常将南美甜樟作为开胃菜，局部麻醉剂和消毒剂，也可用于治疗癫痫病[6]。

参 考 文 献

[1] Ballabeni V，Tognolini M，Bertoni S，*et al*. Antiplatelet and antithrombotic activities of essential oil from wild *Ocotea quixos*（Lam.）Kosterm.（Lauraceae）calices from Amazonian Ecuador［J］. *Pharmacological Research*，2007，55（1）：23-30.

[2] Bruni R，Medici A，Andreotti E，*et al*. Chemical composition and biological activities of Ishpingo essential oil，a traditional Ecuadorian spice from *Ocotea quixos*（Lam.）Kosterm.（Lauraceae）flower calices［J］. *Food Chemistry*，2004，85（3）：415-421.

[3] Noriega P，Mosquera T，Paredes E，*et al*. Antimicrobial and antioxidant bioautography activity of bark essential oil from *Ocotea quixos*（Lam.）Kosterm［J］. *Journal of Planar Chromatography*，2018，31（2）：163-168.

[4] Radice M，Pietrantoni A，Guerrini A，*et al*. Inhibitory effect of *Ocotea quixos*（Lam.）Kosterm. and *Piper aduncum* L. essential oils from Ecuador on West Nile virus infection［J］. *Plant Biosystems*，2019，153（3）：344-351.

[5] Ballabeni V，Tognolini M，Giorgio C，*et al. Ocotea quixos* Lam. essential oil：*In vitro* and *in vivo* investigation on its anti-inflammatory properties［J］. *Fitoterapia*，2010，81（4）：289-295.

[6] Naranjo P，Kijjoa A，Giesbrecht AM，*et al. Ocotea quixos*，American cinnamon［J］. *Journal of Ethnopharmacology*，1981，4（2）：233-236.

药用蒲公英

【植物基源与形态】

药用蒲公英（*Taraxacum officinale* F.H. Wigg.）为菊科（Asteraceae）蒲公英属植物，又名西洋蒲公英，在欧洲、美洲有广泛分布。药用蒲公英为多年生草本植物，长4～20 cm，宽10～65 mm。叶狭倒卵形或长椭圆形，叶基有时显红紫色。头状花序直径25～40 mm，总苞宽钟状，总苞片绿色，先端渐尖；舌状花亮黄色，花冠喉部及舌片下部的背面密生短柔毛，柱头暗黄色。瘦果浅黄褐色，中部以上有大量小尖刺，其余部分具小瘤状突起，顶端突然缢缩为长0.4～0.6 mm的喙基，喙纤细；冠毛白色，长6～8 mm。花果期为6～8月[1,2]（图58-1）。

图58-1　药用蒲公英（*Taraxacum officinale*）

【化学成分】

药用蒲公英中主要含有以蒲公英酸（taraxinic acid）、蒲公英甾醇（taraxasterol）等为代表的萜类化合物，还含有黄酮及其苷类、香豆素类、甾醇类、挥发油类等其他化学成分[3-5]（图58-2）。

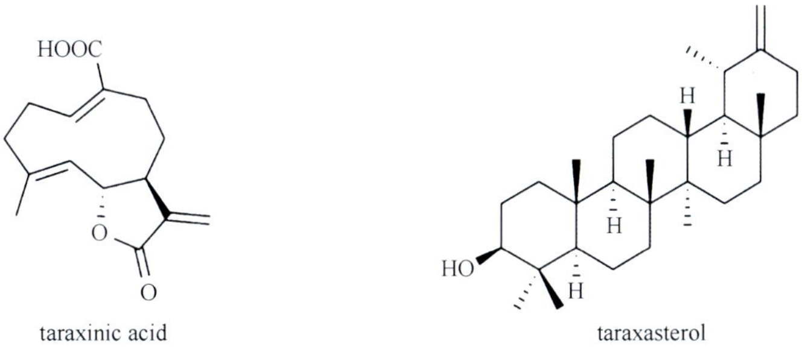

taraxinic acid

taraxasterol

图58-2　药用蒲公英中代表性化学成分的结构式

【药理作用】

药用蒲公英的乙酸乙酯提取物具有显著的抗氧化作用，能清除活性氧（ROS），阻止

ROS诱导的DNA损害[6]。其水提取物对肝癌HepG2细胞具有细胞毒活性[7]。叶的提取物具有抗中枢神经炎症的活性[8]。此外，药用蒲公英还具有降血糖活性[9]。

【应用】

药用蒲公英在法国等国家常作为蔬菜食用，具有降血糖等作用。在美洲，常用于治疗肾病、消化不良、烧心等。此外，药用蒲公英还被开发为面霜等系列护肤产品。

参 考 文 献

[1] 中国科学院中国植物志编辑委员会. 中国植物志 [M]. 北京：科学出版社，1999，80：50.

[2] Gier LJ, Burress RM. Anatomy of *Taraxacum officinale* Weber [J]. *Transactions of the Kansas Academy of Science*, 1942, 45: 94-97.

[3] Hook I, Sheridan H, Wilson G. Volatile metabolites from suspension cultures of *Taraxacum officinale* [J]. *Phytochemistry*, 1991, 30(12): 3977-3979.

[4] 修锐，金华. 药蒲公英的药理作用 [J]. 国外医药（植物药分册），2008，23(1): 11-12.

[5] 陈华，李银心. 蒲公英研究进展和用生物技术培育耐盐蒲公英展望 [J]. 植物学报，2004，21(1): 19-25.

[6] Hu C, Kitts DD. Antioxidant, prooxidant, and cytotoxic activities of solvent-fractionated dandelion (*Taraxacum officinale*) flower extracts *in vitro* [J]. *Journal of Agricultural and Food Chemistry*, 2003, 51(1): 301-310.

[7] Koo HN, Hong SH, Song BK, et al. *Taraxacum officinale* induces cytotoxicity through TNF-α and IL-1α secretion in Hep G2 cells [J]. *Life Sciences*, 2004, 74(9): 1149-1157.

[8] Kim HM, Shin HY, Lim KH, et al. *Taraxacum officinale* inhibits tumor necrosis factor-α production from rat astrocytes [J]. *Immunopharmacology and Immunotoxicology*, 2000, 22(3): 519-530.

[9] Juee LYM, Naqishbandi AM. *In vivo* and *in vitro* antidiabetic potential of *Taraxacum officinale* root extracts [J]. *Current Issues in Pharmacy and Medical Sciences*, 2020, 33(3): 168-175.

59 树 胡 椒

【植物基源与形态】

树胡椒［*Piper aduncum*（L.）］为胡椒科（Piperaceae）胡椒属植物，主要分布于巴西、玻利维亚、秘鲁等南美洲的热带地区国家。树胡椒为常绿灌木或小乔木，树冠展开，可高至2～8 m，树干直径约为7 cm，通常在基部或附近有支柱根。叶片大，互生，叶柄短。花序与叶片对生，白色，长而弯曲，花小而密集。果实为浆果，每颗浆果含有一粒种子[1]（图59-1）。

图59-1 树胡椒（*Piper aduncum*）

【化学成分】

树胡椒中主要含有黄酮及其苷类（piperaduncin A、7-methoxyacacetin 8-*C*-[*β*-D-gluco-pyranosyl-（1→2）-*β*-D-glucopyranoside]等）、酚酸类、苯丙素类（dillapiole等）等化学成分[2-5]，还含有大量的挥发油类成分[6]（图59-2）。

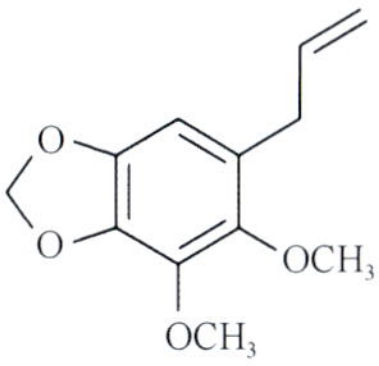

dillapiole

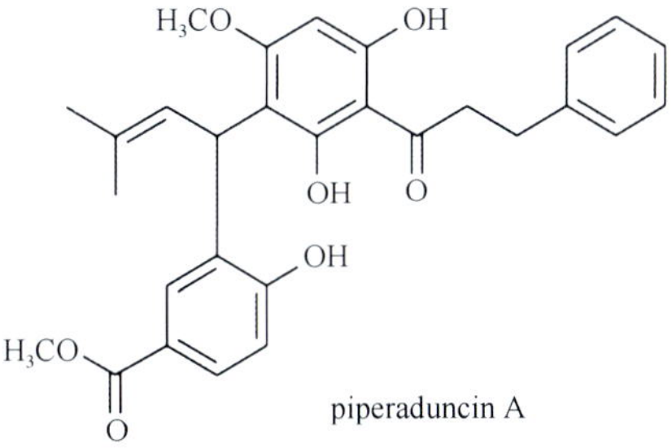

piperaduncin A

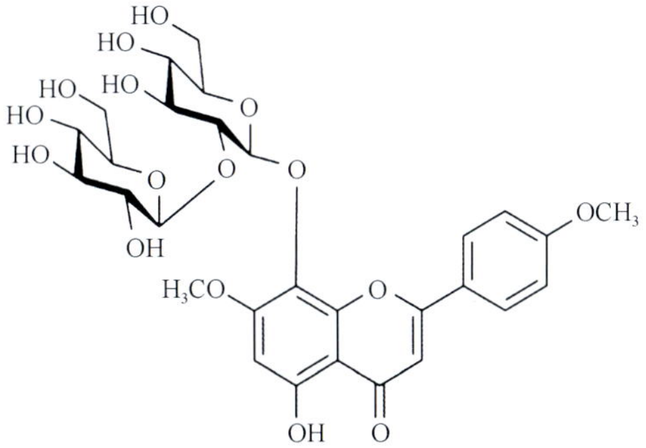

7-methoxyacacetin 8-*C*-[*β*-D-glucopyranosyl-(1→2)-*β*-D-glucopyranoside]

图59-2 树胡椒中代表性化学成分的结构式

【药理作用】

树胡椒的挥发油具有杀虫和抗寄生虫活性[6-11]。树胡椒叶的乙醇水提取物对脂环酸芽孢杆菌（*Alicyclobacillus acidoterrestris*）、红毛癣菌（*Trichophyton rubrum*）、趾间毛癣菌（*Trichophyton interdigitale*）均具有一定的抑菌活性[12, 13]。从树胡椒中分离得到的二氢查尔酮和苯甲酸类化合物亦表现出较好的灭螺、抗细菌和抗真菌活性[3, 4]；分离得到的黄酮碳苷类化合物可抑制脂多糖诱导的多种炎症因子的释放[2]；而dillapiole则具有中等的抗炎活性[5, 14]。此外，树胡椒的提取物还具有降压[15]、胃保护[16]、抗脊髓灰质炎病毒[17]等活性。

【应用】

树胡椒在南美有着悠久的传统药用历史，尤其是在防腐、治疗创伤等方面。此外，树胡椒还被广泛用于治疗多种消化系统、泌尿系统、呼吸系统疾病等[1, 6]。

参 考 文 献

[1] http：//tropical.theferns.info/viewtropical.php?id=Piper+aduncum

[2] Thao NP，Luyen BTT，Widowati W，*et al*. Anti-inflammatory flavonoid *C*-glycosides from *Piper aduncum* leaves [J]. *Planta Medica*，2016，82（17）：1475-1481.

[3] Orjala J，Wright AD，Behrends H，*et al*. Cytotoxic and antibacterial dihydrochalcones from *Piper aduncum* [J]. *Journal of Natural Products*，1994，57（1）：18-26.

[4] Orjala J，Erdelmeier C，Wright A，*et al*. Biologically active phenylpropene and benzoic acid derivatives from *Piper aduncum* Leaves [J]. *Planta Medica*，1989，55（7）：619-620.

[5] Parise-Filho R，Pastrello M，Camerlingo CEP，*et al*. The anti-inflammatory activity of dillapiole and some semisynthetic analogues [J]. *Pharmaceutical Biology*，2011，49（11）：1173-1179.

[6] Monzote L，Scull R，Cos P，*et al*. Essential oil from *Piper aduncum*：chemical analysis，antimicrobial assessment，and literature review [J]. *Medicines*，2017，4（3）：49-63.

[7] Bernuci KZ，Iwanaga CC，Fernadez-Andrade CMM，*et al*. Evaluation of chemical composition and antileishmanial and antituberculosis activities of essential oils of *Piper* species [J]. *Molecules*，2016，21（12）：1698-1710.

[8] Villamizar LH，das Gracas Cardoso M，de Andrade J，*et al*. Linalool，a *Piper aduncum* essential oil component，has selective activity against *Trypanosoma cruzi* trypomastigote forms at 4 ℃ [J]. *Memorias do Instituto Oswaldo Cruz*，2017，112（2）：131-139.

[9] Turchen LM，Piton LP，Dall'Oglio EL，*et al*. Toxicity of *Piper aduncum*（Piperaceae）essential oil against *Euschistus heros*（F.）（Hemiptera：Pentatomidae）and non-effect on egg parasitoids [J]. *Neotropical Entomology*，2016，45（5）：1-8.

[10] Gainza YA，Fantatto RR，Chaves FCM，*et al*. *Piper aduncum* against *Haemonchus contortus* isolates：cross resistance and the research of natural bioactive compounds [J]. *Revista Brasileira de Parasitologia Veterinaria*，2016，25（4）：383-393.

[11] Araujo MJC，Camara CAG，Born FS，*et al*. Acaricidal activity and repellency of essential oil from *Piper aduncum* and its components against *Tetranychus urticae* [J]. *Experimental and Applied Acarology*，2012，57（2）：139-155.

[12] Ruiz SP，Anjos MMd，Carrara VS，*et al*. Evaluation of the antibacterial activity of Piperaceae extracts and Nisin on *Alicyclobacillus acidoterrestris* [J]. *Journal of Food Science*，2013，78（11）：M1772-M1777.

[13] Santos ML，Magalhaes CF，da RMB，*et al*. Antifungal activity of extracts from *Piper aduncum* leaves prepared by different solvents and extraction techniques against dermatophytes *Trichophyton rubrum* and *Trichophyton interdigitale* [J]. *Brazilian Journal of Microbiology*，2013，44（4）：1275-1278.

[14] Aciole EHP，Guimaraes NN，Silva AS，*et al*. Genetic toxicity of dillapiol and spinosad larvicides in somatic cells of *Drosophila melanogaster* [J]. *Pest Management Science*，2014，70（4）：559-565.

[15] Arroyo J，Hañari R，Tinco A，*et al*. Efecto antihipertensivo del extracto de *Piper aduncum* 'matico' sobre la hipertensión inducida por L-NAME en ratones [J]. *Anales de la Facultad de Medicina*，2013，73（4）：275-280.

[16] Arroyo J，Bonilla P，Moreno-Exebio L，*et al*. Gastroprotective and antisecretory effect of a phytochemical made from matico leaves（*Piper aduncum*）[J]. *Revista Peruana de Medicina Experimental y Salud Pública*，2013，30（4）：608-615.

[17] Lohezic-Le DF，Bakhtiar A，Bezivin C，*et al*. Antiviral and cytotoxic activities of some Indonesian plants [J]. *Fitoterapia*，2002，73（5）：400-405.

60 　树　牵　牛

【植物基源与形态】

图 60-1　树牵牛（*Ipomoea carnea*）

树牵牛（*Ipomoea carnea* Jacq.）为旋花科（Convolvulaceae）番薯属植物，原产于南美洲的热带地区，现广泛分布于亚洲、非洲和北美地区。树牵牛为常绿灌木，高 1～3 m，茎为圆柱形木质茎，表面有毛。叶互生，叶片浅绿色，心形或稍披针形，长 10～25 cm。聚伞花序顶生，花淡玫瑰色、粉红色或淡紫色。果实为蒴果[1, 2]（图 60-1）。

【化学成分】

树牵牛中主要含有以苦马豆素（swainsonine）、2-*epi*-lentiginosine、calystegine C$_1$ 等为代表的生物碱类化合物[3]，还含有酚类、苷类、萜类、黄酮类、甾体类等其他化学成分[4, 5]（图 60-2）。

swainsonine

calystegine C$_1$

图 60-2　树牵牛中代表性化学成分的结构式

【药理作用】

树牵牛叶的提取物具有显著的抗炎活性[6]、抗氧化活性[4] 和抗糖尿病作用[7]。树牵牛的醇提取物对腹水癌荷瘤小鼠具有良好的抗肿瘤活性[8]，并对包括革兰氏阳性、阴性菌在内的多种病原菌具有抗菌活性[9-11]。由树牵牛叶醇提取物制备而成的凝胶对多种真菌所致的皮肤感染具有治疗作用[12]。树牵牛叶的水提取物和醇提取物均具有镇静和抗焦虑作用[13]。树牵牛的水提物对大鼠具有胚胎毒性，可引起胚胎骨骼、内脏发育异常及母体器官的细胞质空泡化[14]。树牵牛中含有的生物碱类成分 swainsonine 具有溶酶体糖苷酶抑制活性[3]。

【应用】

树牵牛常作为观赏植物，其乳汁可用于治疗皮肤疾病[6]。在 Ayurveda、Siddha、Unani

等传统医学中，树牵牛可用于泻下和促进伤口愈合[15]。在喜马拉雅山西北部，树牵牛常被用作树篱，起隔离牲畜、划定边界的作用[16]。此外，树牵牛还可用于生物堆肥、沼气发酵及制作生物吸附剂[17]。

参 考 文 献

[1] Afifi MS，Amer MMA，El-Khayat SA. Macro-and micro morphology of *Ipomoea carnea* Jacq. growing in Egypt. Part I. Leaf and flower [J]. *Mansoura Journal of Pharmaceutical Science*，1988，3：41-57.

[2] Bhalerao SA，Teli NC. *Ipomoea carnea* Jacq.：ethnobotany，phytochemistry and pharmacological potential [J]. *International Journal of Current Research in Biosciences and Plant Biology*，2016，3(8)：138-144.

[3] Ikeda K，Kato A，Adachi I，*et al*. Alkaloids from the poisonous plant *Ipomoea carnea*：effects on intracellular lysosomal glycosidase activities in human lymphoblast cultures [J]. *Journal of Agricultural and Food Chemistry*，2003，51(26)：7642-7646.

[4] Ambiga S，Jeyaraj M. Evaluation of *in vitro* antioxidant activity of *Ipomoea carnea* Jacq. [J]. *International Journal Current Microbiological Application Science*，2015，4(5)：327-338.

[5] Saxena PK，Nanda D，Gupta R，*et al*. A review on *Ipomoea carnea*：an exploration [J]. *International Research Journal of Pharmacy*，2017，8(6)：1-8.

[6] Khalid MS，Singh RK，Reddy IVN，*et al*. Anti-inflammatory activity of aqueous extract of *Ipomoea carnea* jacq. [J]. *Pharmacologyonline*，2011，1：326-331.

[7] Latif KAA，Prasad AK，Kumar S，*et al*. Comparative antidiabetic studies of leaves of *Ipomoea carnea* and *Grewia asiatica* on streptozo tocin induced diabetic rats [J]. *International Journal of Pharmaceutical & Biological Archive*，2012，3：853-857.

[8] Sivakumar R，Adithiya R，Anitha J，*et al*. Anticancer activity of *Ipomoea carnea* on Ehrlich ascites carcinoma bearing mice [J]. *Indian Journal of Pharmaceutical Education and Research*，2019，53(4)：703-709.

[9] Das RK，Devkota A. Activity test of crude extracts of invasive plants *Ageratina adenophora* and *Ipomoea carnea* ssp. fistulosa against human pathogenic bacteria [J]. *Annals of Plant Sciences*，2020，9(1)：3699-3706.

[10] Adsul VB，Khatiwora E，Torane R，*et al*. Antimicrobial activities of *Ipomoea carnea* leaves [J]. *Journal of Natural Product & Plant Resources*，2012，2(5)：597-600.

[11] Khalate SS，Chandgude PM，Kambale MM，*et al*. Biofilm inhibition of UTI pathogens using *Terminalia arjuna* and *Ipomea carnea* plant extract [J]. *Indian Journal of Science and Technology*，2020，13(24)：2452-2462.

[12] Kaushik K，Sharma RB，Sharma A，*et al*. Formulation and evaluation of antifungal activity of gel of crude methanolic extract of leaves of *Ipomoea carnea* Jacq [J]. *Journal of Research in Pharmacy*，2020，24(3)：368-379.

[13] Rout SK，Kar DM. Sedative，anxiolytic and anticonvulsant effects of different extracts from the leaves of *Ipomoea carnea* in experimental animals [J]. *International Journal of Drug Development & Research*，2015，5(2)：232-243.

[14] Hosomi RZ，Spinosa HS，Górniak SL，*et al*. Embryotoxic effects of prenatal treatment with *Ipomoea carnea* aqueous fraction in rats [J]. *Brazilian Journal of Veterinary Research & Animal Science*，2008，45(1)：67-75.

[15] Sharma A，Bachheti RK. A review on *Ipomoea Carnea* [J]. *International Journal of Pharmaceutical and Biologic Sciences*，2013，4(4)：363-377.

[16] Sharma P，Devi U. Ethnobotanical uses of biofencing plants in Himachal Pradesh，northwest Himalaya [J]. *Pakistan Journal of Biological Sciences*，2013，16(24)：1957-1963.

[17] Bhalerao SA，Teli NC. Significance of *Ipomoea carnea* Jacq.：a comprehensive review [J]. *Asian Journal of Science and Technology*，2016，7(8)：3371-3374.

61 面包树

【植物基源与形态】

面包树 [*Artocarpus altilis* (Parkinson) Fosberg] 为桑科 (Moraceae) 波罗蜜属植物，广泛分布于大洋洲、亚洲、非洲、北美洲、中美洲、南美洲以及西印度群岛等潮湿的热带地区。面包树为常绿乔木，高达30 m，直径可达1.8 m。叶互生，卵形至椭圆形，上面深绿色，有光泽，下面浅绿色，粗糙。花序腋生，花序梗长4～8 cm。果实圆柱形到球状，直径10～30 cm；果皮黄绿色，果肉淡黄色多汁[1, 2]（图61-1）。

图 61-1　面包树（*Artocarpus altilis*）

【化学成分】

面包树中富含以isocyclomorusin、norartocarpetin等为代表的黄酮类化合物，还含有少量的二苯乙烯类（moracin M等）成分[3-5]（图61-2）。

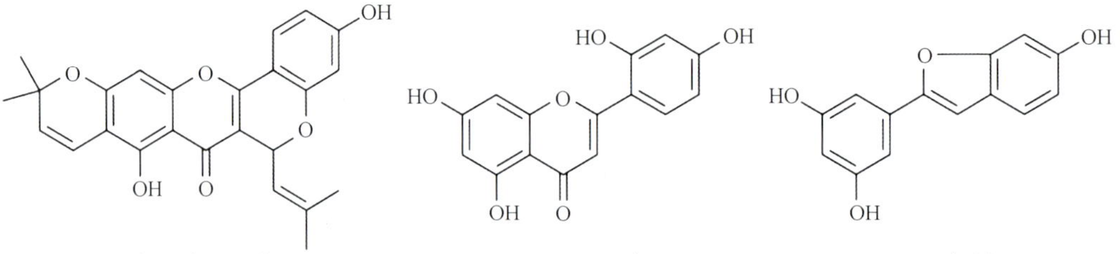

isocyclomorusin　　　　norartocarpetin　　　　moracin M

图61-2　面包树中代表性化学成分的结构式

【药理作用】

面包树的水提液具有降血压作用，其作用机制为拮抗 α-肾上腺素受体和Ca^{2+}通道[6]。面包树提取物还具有抗肿瘤作用，可诱导人乳腺癌T47D细胞的凋亡及亚G1期的形成[7]。从面包树中分离鉴定的黄酮类化合物具有较好的抗氧化活性，可清除DPPH、ABTS自由基和超氧阴离子，还可通过抑制酪氨酸酶的活性来抑制黑色素的产生[4]。

【应用】

面包树的果实可食用，也可用作牛、山羊、猪和马的饲料。在传统医学中，面包树的果实可用于治疗头痛、腹泻、胃痛、痢疾、腮腺炎、牙痛等。在西印度群岛，由面包树变黄的叶子所冲泡成的茶，可用于治疗高血压、糖尿病和哮喘[1,8]。

参 考 文 献

[1] https：//www.cabi.org/isc/datasheet/1822

[2] 中国科学院中国植物志编委会. 中国植物志[M]. 北京：科学出版社，1998，23：44.

[3] Chen CC，Huang YL，Ou JC，*et al*. Three new prenylflavones from *Artocarpus altilis*[J]. *Journal of Natural Products*，1993，56（9）：1594-1597.

[4] Lan WC，Tzeng CW，Lin CC，*et al*. Prenylated flavonoids from *Artocarpus altilis*：antioxidant activities and inhibitory effects on melanin production[J]. *Phytochemistry*，2013，89：78-88.

[5] Amarasinghe NR，Jayasinghe L，Hara N，*et al*. Chemical constituents of the fruits of *Artocarpus altilis*[J]. *Biochemical Systematics and Ecology*，2008，36（4）：323-325.

[6] Nwokocha CR，Owu DU，McLaren M，*et al*. Possible mechanisms of action of the aqueous extract of *Artocarpus altilis*（breadfruit）leaves in producing hypotension in normotensive Sprague-Dawley rats[J]. *Pharmaceutical Biology*，2012，50（9）：1096-1102.

[7] Arung ET，Wicaksono BD，Handoko YA，*et al*. Anti-cancer properties of diethylether extract of wood from sukun（*Artocarpus altilis*）in human breast cancer（T47D）cells[J]. *Tropical Journal of Pharmaceutical Research*，2009，8（4）：317-324.

[8] De la Torre L，Navarrete H，Muriel P，*et al*. *Enciclopedia de las Plantas Útiles del Ecuador*（*con extracto de datos*）[M]. Ecuador：Herbario QCA de la Escuela de Ciencias Biológicas de la Pontificia Universidad Católica del Ecuador & Herbario AAU del Departamento de Ciencias Biológicas de la Universidad de Aarhus，2008，597.

62　香　蝶　菊

【植物基源与形态】

香蝶菊（*Porophyllum ruderale* Cass.）为菊科（Asteraceae）点叶菊属植物，又名点叶菊、玻利维亚香菜、夏芫荽，分布于美洲的热带地区。香蝶菊为一年生草本植物，高0.7～1.3 m。叶互生或对生，叶片卵圆形或倒卵形，具不规则的齿。花冠5裂，钟状，黄色或紫色，头状花序含25～30枚小花，花柱分枝顶端锐尖。瘦果倒卵状披针形，暗褐色；冠毛白色[1]（图62-1）。

图 62-1　香蝶菊（*Porophyllum ruderale*）

【化学成分】

香蝶菊中主要含有β-pinene、sabinene、4-terpineol、α-terpineol等萜类化合物，以及5-methyl-2, 2′: 5′, 2″-terthiophene、5′-methyl-[5-4（4-acetoxy-1-butynyl）]-2, 2′ bi-thiophene等噻吩类成分[2-4]（图62-2）。

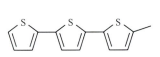

5-methyl-2, 2′∶5′, 2″-terthiophene

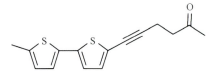

5′-methyl-[5-4(4-acetoxy-1-butynyl)]-2, 2′bi-thiophene

图 62-2　香蝶菊中代表性化学成分的结构式

【药理作用】

香蝶菊中含有的噻吩类化合物可用于治疗亚马孙利什曼原虫所引起的损伤[4]。香蝶菊的水提取物具有抗炎和抗疟活性[5]，挥发油对革兰氏阳性菌（金黄色葡萄球菌和粪肠球菌）和革兰氏阴性菌（大肠埃希菌、肺炎克雷伯菌和铜绿假单胞菌）均具有较强的抑菌活性[6]。

【应用】

香蝶菊的叶常用作食品调味料，根可用于治疗细菌感染、疟疾、蛇伤、风湿病和丹毒[5,6]。

参 考 文 献

[1] 吴保欢，赵万义，石文婷，等. 点叶菊属，中国菊科一新归化属（英文）[J]. 热带亚热带植物学报，2018，26（3）：299-301.

[2] Loayza I，de Groot W，Lorenzo D，*et al*. Composition of the essential oil of *Porophyllum ruderale*（Jacq.）Cass. from Bolivia [J]. *Flavour and Fragrance Journal*，1999，14（6）：393-398.

[3] Guillet G，Bélanger A，Arnason JT. Volatile monoterpenes in *Porophyllum gracile* and *P. ruderale*（Asteraceae）：identification，localization and insecticidal synergism with α-terthienyl [J]. *Phytochemistry*，1998，49（2）：423-429.

[4] Takahashi HT，Novello CR，Ueda-Nakamura T，*et al*. Thiophene derivatives with antileishmanial activity isolated from aerial parts of *Porophyllum ruderale*（Jacq.）Cass [J]. *Molecules*，2011，16（5）：3469-3478.

[5] Lima GM，Bonfim RR，Silva MR，*et al*. Assessment of antinociceptive and anti-inflammatory activities of *Porophyllum ruderale*（Jacq.）Cass.，Asteraceae，aqueous extract [J]. *Revista Brasileira de Farmacognosia*，2011，21（3）：486-490.

[6] Duarte MR，Siebenrok MCN，Empinotti CB. Anatomia comparada de espécies de arnica：*Porophyllum ruderale*（Jacq.）Cass. e Chaptalia nutans（L.）Pohl [J]. *Journal of Basic and Applied Pharmaceutical Sciences*，2007，28（2）：193-201.

63 鬼 针 草

图63-1 鬼针草（*Bidens pilosa*）

【植物基源与形态】

鬼针草［*Bidens pilosa*（L.）］为菊科（Asteraceae）鬼针草属植物，又名金盏银盘、虾钳草、粘人草等，主要分布在美洲、亚洲的热带和亚热带地区。鬼针草为一年生草本，茎直立，钝四棱形。中、下部叶对生，上部叶互生，较小，羽状分裂。头状花序直径8～9 mm。总苞基部被短柔毛，条状匙形，上部稍宽。无舌状花，盘花筒状，冠檐5齿裂。瘦果黑色，条形，略扁，具棱，上部具稀疏瘤状突起及刚毛，顶端芒刺3～4枚，具倒刺毛[1, 2]（图63-1）。

【化学成分】

鬼针草中主要含有黄酮及其苷类（quercetin 3-*O*-*β*-D-glucopyranoside、6, 7, 3′, 4′-tetrahydroxyaurone、okanin 3′-*O*-*β*-D-glucoside等）和聚炔类（1-phenylhepta-1, 3, 5-triyne等）化合物，还含有少量的酚酸类、甾体类、挥发油类等其他化学成分[3-5]（图63-2）。

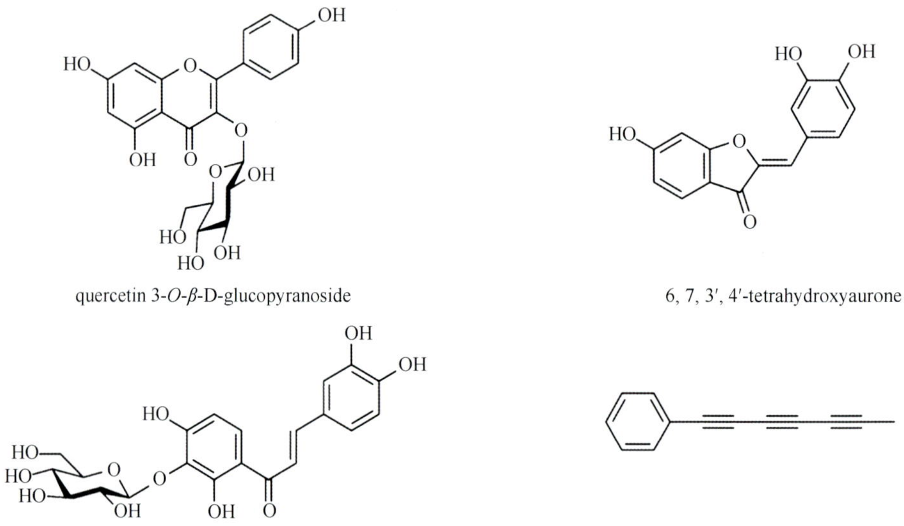

quercetin 3-*O*-*β*-D-glucopyranoside

6, 7, 3′, 4′-tetrahydroxyaurone

okanin 3′-*O*-*β*-D-glucoside

1-phenylhepta-1, 3, 5-triyne

图63-2 鬼针草中代表性化学成分的结构式

【药理作用】

鬼针草的80%乙醇提取物具有体外杀恶性疟原虫（*Plasmodium berghei*）活性，黄酮和聚炔类成分为其抗疟的活性成分[6]。鬼针草的水提物和二氯甲烷提取物均可逆转大鼠的高血压和高甘油三酯血症，其作用机制与胰岛素的敏感性无关[7]。该植物的提取物还具一定的免疫抑制活性[8]，以及抗氧化活性，可清除DPPH和ABTS自由基[9]。此外，鬼针草还具有抗菌、抗病毒、抗糖尿病、抗过敏、抗胃溃疡、抗生殖等多种药理活性[3]。

【应用】

鬼针草的叶子和嫩芽可被制成菜肴和茶。鬼针草在传统医学中被广泛用于治疗各种消化系统疾病，包括胃痛、腹胀、便秘、腹泻和肠虫，还可用于治疗咳嗽、心绞痛、头痛、发热、糖尿病、肌肉疼痛等[1]。

参 考 文 献

[1] http：//tropical.theferns.info/viewtropical.php?id=Bidens+pilosa
[2] 中国科学院中国植物志编辑委员会.中国植物志[M].北京：科学出版社，1979，75：377.
[3] Xuan TD，Khanh TD. Chemistry and pharmacology of *Bidens pilosa*：an overview[J]. *Journal of Pharmaceutical Investigation*，2016，46（2）：91-132.
[4] 胡伟，吕元庆，陈飞虎，等.鬼针草化学成分及药理学研究进展[J].中医药理论与应用研究——安徽中医药继承与创新博士科技论坛论文集，2008，459-464.
[5] Shen Y，Sun Z，Shi P，*et al*. Anticancer effect of petroleum ether extract from *Bidens pilosa* L and its constituent's analysis by GC-MS[J]. *Journal of Ethnopharmacology*，2018，217：126-133.
[6] Oliveira FQ，Andrade-Neto V，Krettli AU，*et al*. New evidences of antimalarial activity of *Bidens pilosa* roots extract correlated with polyacetylene and flavonoids[J]. *Journal of Ethnopharmacology*，2004，93（1）：39-42.
[7] Dimo T，Azay J，Tan PV，*et al*. Effects of the aqueous and methylene chloride extracts of *Bidens pilosa* leaf on fructose-hypertensive rats[J]. *Journal of Ethnopharmacology*，2001，76（3）：215-221.
[8] Pereira RLC，Ibrahim T，Lucchetti L，*et al*. Immunosuppressive and anti-inflammatory effects of methanolic extract and the polyacetylene isolated from *Bidens pilosa* L[J]. *Immunopharmacology*，1999，43（1）：31-37.
[9] Singh G，Passsari A K，Singh P，*et al*. Pharmacological potential of *Bidens pilosa* L. and determination of bioactive compounds using UHPLC-QqQ LIT-MS/MS and GC/MS[J]. *BMC Complementary and Alternative Medicine*，2017，17（1）：492.

64 盾叶胡椒

图64-1 盾叶胡椒（*Piper peltatum*）

【植物基源与形态】

盾叶胡椒［*Pothomorphe peltata*（L.）Miq.］是胡椒科（Piperaceae）大胡椒属植物，又名caapeba-do-norte、malvarisco等，主要分布于墨西哥、中美洲、南美洲、大安的列斯群岛和小安的列斯群岛等地区。盾叶胡椒为多年生亚灌木，高1～3 m。叶脉从基部1/3～1/4处发出，叶柄10～22 cm；叶长14.5～32 cm，宽14～30 cm，卵状椭圆形，叶脉10～14条。穗状花序，穗4～10 cm，穗状花序轴0.5～1.5 cm，花梗2～7 cm；花序苞片长1.5～2 cm，宽0.3～0.6 mm。果实直径0.5～0.7 mm，宿存柱头[1]（图64-1）。

【化学成分】

盾叶胡椒中主要含有以4-nerolidylcatechol及其二聚体peltatol A、peltatol B、peltatol C等为代表的异戊烯基儿茶酚类化合物，以及β-石竹烯（β-caryophyllene）、α-律草烯（α-humulene）、germacrene D、（*E*）-橙花叔醇［（*E*）-nerolidol］等挥发油类成分[2,3]（图64-2）。

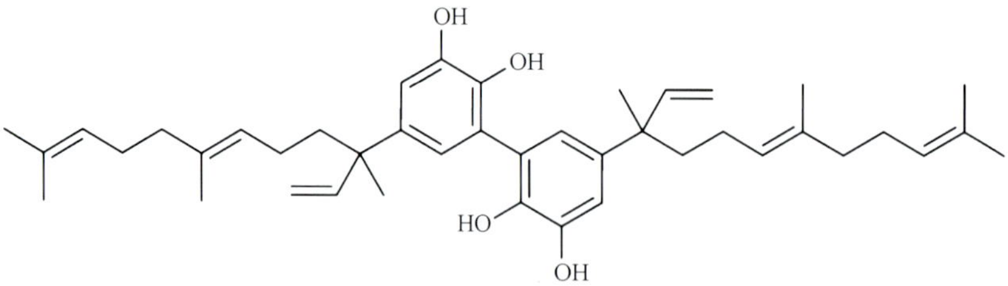

peltatol A

图64-2 盾叶胡椒中代表性化学成分的结构式

【药理作用】

盾叶胡椒的甲醇提取物具有显著的抗炎活性[4]，其水提取液对金黄色葡萄球菌具有一定的抑菌作用[5]。盾叶胡椒的提取物及其中含有的异戊烯基儿茶酚类化合物4-nerolidylcatechol

具有一定的抗氧化活性，可减少DNA的氧化损伤[6,7]。4-Nerolidylcatechol对多药耐药恶性疟原虫（*Plasmodium falciparum*）K1株具有显著的体外抑制活性，效果优于奎宁和氯喹[8]。4-Nerolidylcatechol还可显著降低蛇毒磷脂酶A2（PLA2s）的肌毒性和水肿诱导活性[9]，并在体外对人乳腺癌MCF-7、小鼠黑色素瘤B16、人结肠癌HCT-8、人白血病CEM和HL-60等肿瘤细胞具有中等的细胞毒活性[10]。盾叶胡椒中的异戊烯基儿茶酚二聚体类化合物peltatol A、peltatol B和peltatol C对HIV-1感染的人T淋巴细胞（CEM-SS）具有保护作用[3]。

【应用】

在秘鲁、玻利维亚和巴西的亚马孙河流域地区，盾叶胡椒的叶子常被用作抗炎、解热、保肝及利尿药，还可用于治疗外部溃疡和局部感染[6]。

参 考 文 献

[1] Boza HS. Revisión del género *Pothomorphe* Miq.（Piperaceae）en Cuba［J］. *Revista Del Jardín Botánico Nacional*，1998，19：41-44.

[2] Luz AIR，da Silva JD，Zoghbi MGB，*et al*. Volatile constituents of Brazilian Piperaceae，part 5. the oils of *Pothomorphe umbellate* and *P. peltate*［J］. *Journal of Essential Oil Research*，1999，11（4）：479-481.

[3] Gustafson KR，Cardellina JH，McMahon JB，*et al*. HIV inhibitory natural products. 6. The peltatols，novel HIV-inhibitory catechol derivatives from *Pothomorphe peltata*［J］. *Journal of Organic Chemistry*，1992，57（10）：2809-2811.

[4] Desmarchelier C，Slowing K，Ciccia G. Anti-inflammatory activity of *Pothomorphe peltata* leaf methanol extract［J］. *Fitoterapia*，2000，71（5）：556-558.

[5] Mongelli E，Desmarchelier C，Coussio J，*et al*. Antimicrobial activity and interaction with DNA of medicinal plants from the Peruvian Amazon Region［J］. *Revista Argentina De Microbiologia*，1995，27（4）：199-203.

[6] Desmarchelier C，Mongelli E，Coussio J，*et al*. Inhibition of lipid peroxidation and iron（Ⅱ）-dependent DNA damage by extracts of *Pothomorphe peltata*（L.）Miq.［J］. *Brazilian Journal of Medical and Biological Research*，1997，30（1）：85-91.

[7] Desmarchelier C，Barros S，Repetto M，*et al*. 4-Nerolidylcatechol from *Pothomorphe* spp. scavenges peroxyl radicals and inhibits Fe（Ⅱ）-dependent DNA damage［J］. *Planta Medica*，1997，63（6）：561-563.

[8] de Andrade-Neto VF，Pohlit AM，Pinto ACS，*et al*. *In vitro* inhibition of *Plasmodium falciparum* by substances isolated from Amazonian antimalarial plants［J］. *Memorias Do Instituto Oswaldo Cruz*，2007，102（3）：359-363.

[9] Núñez V，Castro V，Murillo R，*et al*. Inhibitory effects of *Piper umbellatum* and *Piper peltatum* extracts towards myotoxic Phospholipases A_2 from *Bothrops* snake venoms：isolation of 4-nerolidylcatechol as active principle［J］. *Phytochemistry*，2005，66（9）：1017-1025.

[10] Pinto ACS.，Pessoa C，Lotufo LV，*et al*. *In vitro* cytotoxicity of *Pothomorphe peltata*（L.）Miquel（Piperaceae），isolated 4-nerolidylcatechol and its semi-synthetic diacetyl derivative［J］. *Revista Brasileira De Plantas Medicinais*，2006，8：205-211.

65 狭叶龙舌兰

图 65-1 狭叶龙舌兰（*Agave angustifolia*）

【植物基源与形态】

狭叶龙舌兰（*Agave angustifolia* Haw.）为石蒜科（Amaryllidaceae）龙舌兰属植物，主要分布于美洲各地，在我国南方的大部分省区有引种栽培。狭叶龙舌兰为多年生肉质植物，茎高 25～50 cm。叶肉质，剑形，淡绿色。圆锥花序具有少数分枝，粗壮，花淡绿色。果近球形，具柄而有喙[1]（图 65-1）。

【化学成分】

狭叶龙舌兰中主要含有谷甾醇 3-*O*-（6′-*O*-棕榈酰基）-*β*-D-吡喃葡萄糖苷 {3-*O*-[（6′-*O*-palmitoyl）-*β*-D-glucopyranosyl] sitosterol} 等甾醇类化合物，还含有酚类、黄酮类、三萜类等其他化学成分[2-4]（图 65-2）。

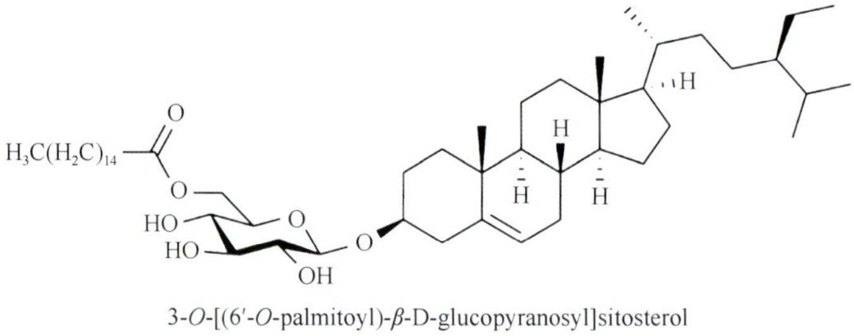

3-*O*-[(6′-*O*-palmitoyl)-*β*-D-glucopyranosyl]sitosterol

图 65-2 狭叶龙舌兰中代表性化学成分的结构式

【药理作用】

狭叶龙舌兰的提取物对表皮葡萄球菌和大肠埃希菌具一定的抑菌活性，且具有抗氧化活性，能够清除 DPPH、ABTS 等自由基[2]。此外，狭叶龙舌兰中含有的甾醇类化合物还具抗炎作用[3, 5]。

【应用】

狭叶龙舌兰可用于生产含乙醇的巴卡诺拉（Bacanora）饮料。狭叶龙舌兰的汁液可用于治疗消化系统疾病、炎症、扭伤和骨折[2,5]。

参 考 文 献

[1] 中国科学院中国植物志编委会.中国植物志 [M].北京：科学出版社，1985，16（1）：32.

[2] Lopez-Romero JC，Ayala-Zavala JF，Pena-Ramos EA，*et al*. Antioxidant and antimicrobial activity of *Agave angustifolia* extract on overall quality and shelf life of pork patties stored under refrigeration [J]. *Journal of Food Science and Technology*，2018，55（11）：4413-4423.

[3] Hernández-Valle E，Lucila M，Salgado G，*et al*. Anti-inflammatory effect of 3-*O*-[（6'-*O*-palmitoyl）-*β*-D-glucopyranosyl sitosterol] from *Agave angustifolia* on ear edema in mice [J]. *Molecules*，2014，19（10）：15624-15637.

[4] Ahumada-Santos Y，Montes-Avila J，Uribe-Beltrán M，*et al*. Chemical characterization，antioxidant and antibacterial activities of six *Agave* species from Sinaloa，Mexico [J]. *Industrial Crops and Products*，2013，49：143-149.

[5] Monterrosas-Brisson N，Arenas Ocampo ML，Jimenez-Ferrer E，*et al*. Anti-inflammatory activity of different Agave plants and the compound cantalasaponin-1 [J]. *Molecules*，2013，18（7）：8136-8146.

[13] Josephine OO, Cosmos OT. Evaluation of the antidiarrhoeal activity of the methanolic extract of *Canna indica* leaf(Cannaceae)[J]. *International Journal of Pharmaceutical and Chemical Sciences*, 2013, 2: 669-674.

[14] Kaldhone PR, Joshi YM, Kadam VJ, *et al*. Investigation of hepatoprotective activity of aerial parts of *Canna indica* L. on carbon tetrachloride treated rats [J]. *Journal of Pharmacy Research*, 2016, 2(12): 1879-1882.

[15] Nirmal SA, Shelke SM, Gagare PB, *et al*. Antinociceptive and anthelmintic activity of *Canna indica* [J]. *Natural Product Research*, 2007, 21(12): 1042-1047.

[16] Zhang L, Zhang BE, Huang L, *et al*. Hemostatic effect of *Canna Indica* L. [J]. *Journal of Dali University*, 2011, 10(12): 24-26.

[17] Thepouyporn A, Yoosook C, Chuakul W, *et al*. Purification and characterization of anti-HIV-1 protein from *Canna indica* L. leaves [J]. *Southeast Asian Journal of Tropical Medicine and Public Health*, 2012, 43(5): 1153-1160.

67 姜花

【植物基源与形态】

姜花（*Hedychium coronarium* Koen.）为姜科（Zingiberaceae）姜花属植物，又名野姜花、蝴蝶姜，是古巴和尼加拉瓜的国花。姜花茎高1～2 m；叶片长圆状披针形或披针形，长20～40 cm，宽4.5～8 cm，顶端长渐尖，基部急尖；叶面光滑，叶背被短柔毛，无柄。花序为穗状，花萼管顶端一侧开裂；花冠管纤细，裂片披针形，唇瓣白色，基部稍黄，顶端2裂；子房被绢毛[1]（图67-1）。

图67-1　姜花（*Hedychium coronarium*）

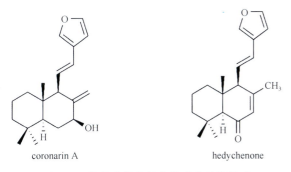

coronarin A　　　　hedychenone

图67-2　姜花中代表性化学成分的结构式

【化学成分】

姜花中主要含有半日花烷型二萜类（coronarin A、hedychenone等）化合物，还有倍半萜类、二苯基庚烷类、挥发油类、黄酮类、脂肪酸类、甾体类等其他化学成分[2-4]（图67-2）。

【药理作用】

姜花具有抗氧化、抗炎、抗过敏、细胞毒、镇痛、抗血管生成等多种药理活性[2]。其中，姜花块根的挥发油类成分具有显著的抗真菌活性[4]；姜花的二氯甲烷提取物对革兰氏阳性菌（金黄色葡萄球菌、枯草芽孢杆菌）和革兰氏阴性菌（大肠埃希菌、索氏志贺菌、志贺菌、铜绿假单胞菌和伤寒沙门菌）均具有良好的抗菌活性[5]。

【应用】

在巴西，人们用热水冲泡姜花叶作为利尿剂来治疗高血压[6]。在越南，姜花的根茎常被用于治疗炎症、皮肤病、头痛和风湿病[7]。在马来西亚，煮熟后的姜花叶可用于治疗消化不良[2]。此外，姜花还被开发出系列的美容护肤产品，如香水、香精、洗发液等。

参 考 文 献

[1] 中国科学院中国植物志编辑委员会. 中国植物志 [M]. 北京：科学出版社，1981，16：26.

[2] Chan EWC，Wong SK. Phytochemistry and pharmacology of ornamental gingers，*Hedychium coronarium* and *Alpinia purpurata*：a review [J]. *Journal of Integrative Medicine*，2015，13（6）：368-379.

[3] Pachurekar P，Dixit AK. A review on pharmacognostical phytochemical and ethnomedicinal properties of *Hedychium coronarium* J. Koenig an endangered medicine [J]. *International Journal of Chinese Medicine*，2017，1：49-61.

[4] 彭炳先，黄振中，陈莉莉，等. 气相色谱-质谱联用法测定中药姜花块根挥发油化学成分 [J]. 时珍国医国药，2008，19（6）：1418-1419.

[5] Aziz MA，Habib MR，Karim MR. Antibacterial and cytotoxic activities of *Hedychium coronarium* J. Koenig [J]. *Research Journal of Agriculture and Biological Sciences*，2009，5（6）：969-972.

[6] Ribeiro RDA，de Melo MMRF，de Barros F，*et al*. Acute antihypertensive effect in conscious rats produced by some medicinal plants used in the state of Sao Paulo [J]. *Journal of Ethnopharmacology*，1986，15（3）：261-269.

[7] Van Kiem P，Thuy NTK，Anh HLT，*et al*. Chemical constituents of the rhizomes of *Hedychium coronarium* and their inhibitory effect on the pro-inflammatory cytokines production LPS-stimulated in bone marrow-derived dendritic cells [J]. *Bioorganic & Medicinal Chemistry Letters*，2011，21（24）：7460-7465.

68 炮 弹 树

【植物基源与形态】

炮弹树（*Couroupita guianensis* Aubl.）是玉蕊科（Lecythidaceae）炮弹树属植物，因其果实浑圆如古代炮弹而得名，又名吊瓜树、吊灯树或叶子媚树。炮弹树原产南美洲，在亚洲的热带及亚热带地区有种植。树高可达18～30 m。叶螺旋状排列，常丛生枝顶，具羽状脉。总状花序着生在树干或大枝上；花两性，花径可达10～13 cm，肉质花瓣6枚，黄色或外黄内红色。果大，圆形，直径约25 cm，棕色，果实多汁，果肉包着许多小种子，果实成熟期约1.5年，成熟的果肉有恶臭[1,2]（图68-1）。

图68-1 炮弹树（*Couroupita guianensis*）

【化学成分】

炮弹树中主要含有以靛玉红（indirubin）[3]、isatin（1*H*-indole-2, 3-dione）[4]、tryptanthrin（indolo[2, 1-*b*]quinazoline-6, 12-dione）[5]等为代表的生物碱类化合物。此外，其花的挥发油中主要含有丁香酚、芳樟醇、法尼醇、橙花醇等化合物[6]（图68-2）。

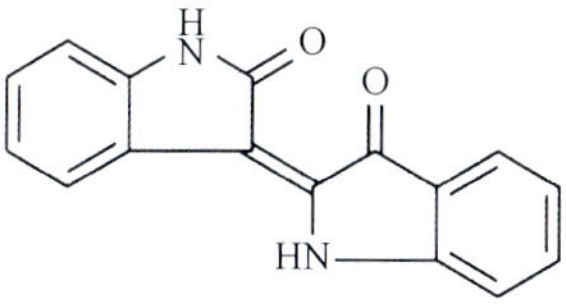

indirubin 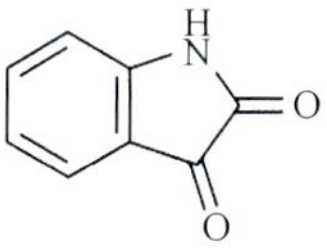   isatin 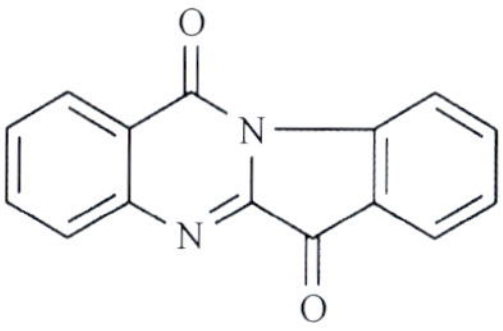   tryptanthrin

图68-2 炮弹树中代表性化学成分的结构式

【药理作用】

炮弹树叶的正己烷提取物对致倦库蚊（*Culex quinquefasciatus*）、埃及伊蚊（*Aedes aegypti*）及斜纹夜蛾（*Spodoptera litura*）均表现出良好的杀虫活性[7,8]。炮弹树叶提取物还对糖类消化酶有明显的抑制作用，可降低餐后血糖水平[9]。其花的提取物对Swiss albino小鼠中枢神经系统具有抑制作用[10]。其果实的氯仿提取物则显示出良好的抗菌及抗生物膜形成的活性[3]。此外，利用炮弹树果实水提取物制备而成的磁性Fe_3O_4纳米颗粒、钯纳米颗粒或银纳米颗粒，具有良好的体外抗菌、抗肿瘤活性[11-14]。

【应用】

在亚马孙河流域，炮弹树常被用于治疗高血压、肿瘤、疼痛、炎症等。其花和果实中所含有的靛蓝和靛玉红则可用于制作染料[15]。

参 考 文 献

[1] http：//tropical.theferns.info/viewtropical.php?id=Couroupita+guianensis

[2] 热带庭园观赏植物——炮弹树[J]. 世界热带农业信息，2009，（1）：27-28.

[3] Al-Dhabi NA，Balachandran C，Raj MK，et al. Antimicrobial，antimycobacterial and antibiofilm properties of *Couroupita guianensis* Aubl. fruit extract [J]. *BMC Complementary and Alternative Medicine*，2012，12：242.

[4] Premanathan M，Radhakrishnan S，Kulangiappar K，et al. Antioxidant & anticancer activities of isatin （1H-indole-2，3-dione），isolated from the flowers of *Couroupita guianensis* Aubl. [J]. *The Indian Journal of Medical Research*，2012，136（5）：822-826.

[5] Costa DCM，Azevedo MMB，Silva DO，et al. *In vitro* anti-MRSA activity of *Couroupita guianensis* extract and its component tryptanthrin [J]. *Natural Product Research*，2017，31（17）：2077-2080.

[6] Wong KC and Tie DY. Volatile constituents of *Couroupita guianensis* Aubl. flowers [J]. *Journal of Essential Oil Research*，2011，7（2）：225-227.

[7] Maheswaran R，Baskar K，Ignacimuthu S，et al. Bioactivity of *Couroupita guianensis* Aubl. against filarial and dengue vectors and non-target fish [J]. *South African Journal of Botany*，2019，125：46-53.

[8] Baskar K，Ignacimuthu S，Jayakumar M. Toxic effects of *Couroupita guianensis* against *Spodoptera litura*（Fabricius）（Lepidoptera：Noctuidae）[J]. *Neotropical Entomology*，2015，44：84-91.

[9] Hassan M，Islam M，Uddin S，et al. Antihyperglycemic potential of ethanolic extract of *Couroupita guianensis* on streptozocin induced experimental diabetic rat model [J]. *Asian Journal of Research in Medical and Pharmaceutical Sciences*，2018，5（3）：1-10.

[10] Rumzhum NN，Rahman M，Islam AFM. CNS depressant effect of crude ethanolic Extract of flowers of *Couroupita guianensis* Aubl. in Swiss-albino mice [J]. *Research Journal of Pharmacy and Technology*，2012，5（5）：615-618.

[11] Pinheiro MMG，Fernandes SBO，Fingolo CE，et al. Anti-inflammatory activity of ethanol extract and fractions from *Couroupita guianensis* Aublet leaves [J]. *Journal of Ethnopharmacology*，2013，146（1）：324-330.

[12] Sathishkumar G，Logeshwaran V，Sarathbabu S，et al. Green synthesis of magnetic Fe_3O_4 nanoparticles using *Couroupita guianensis* Aubl. fruit extract for their antibacterial and cytotoxicity activities [J]. *Artificial Cells Nanomedicine and Biotechnology*，2018，46（3）：589-598.

[13] Gnanasekar S，Murugaraj J，Dhivyabharathi B，et al. Antibacterial and cytotoxity effects of biogenic palladium nanoparticles synthesized using fruit extract of *Couroupita guianensis* Aubl [J]. *Journal of Applied Biomedicine*，2018，16（1）：59-65.

[14] Kumar TVR，Murthy JSR，Rao MN，et al. Evaluation of silver nanoparticles synthetic potential of *Couroupita guianensis* Aubl.，flower buds extract and their synergistic antibacterial activity [J]. *3 Biotech*，2016，6：92.

[15] Tayade PB，Adivarekar RV. Extraction of Indigo dye from *Couroupita guianensis* and its application on cotton fabric [J]. *Fashion and Textiles*，2014，1：16.

69 洋椿

【植物基源与形态】

洋椿［*Cedrela odorata*（L.）］是棟科（Meliaceae）洋椿属植物，又名墨西哥椿、香洋椿，原产于美洲的热带地区，主要分布于特立尼达、多巴哥、洪都拉斯、圭亚那和委内瑞拉，在我国的广东和海南两省有引种栽培。洋椿为乔木，高可达10 m；小枝无毛，有散生皮孔。叶连柄长30 cm，有小叶8～9对；小叶膜质、卵状长椭圆形，长8～12 cm，宽3.5～4 cm，先端渐尖而锐，基部不等侧，圆形，两面均无毛。圆锥花序顶生，短于叶，无毛，分枝，枝和小枝纤细；花长椭圆形；萼5齿裂，有散生微柔毛；花瓣淡白色，长椭圆形，长约8 mm，两面均被灰色小柔毛，短尖；花盘长柄状，无毛，花柱和子房无毛；子房每室有胚珠12颗。蒴果长椭圆形，无毛，长约4 cm，有苍白色的皮孔[1]（图69-1）。

图69-1　洋椿（*Cedrela odorata*）

【化学成分】

洋椿中含有倍半萜类（β-acoradiene）、三萜类（cycloeucalenol等）、类柠檬苦素类（azadiradione等）、黄酮类、酚类、挥发油类等多种化学成分[2-4]（图69-2）。

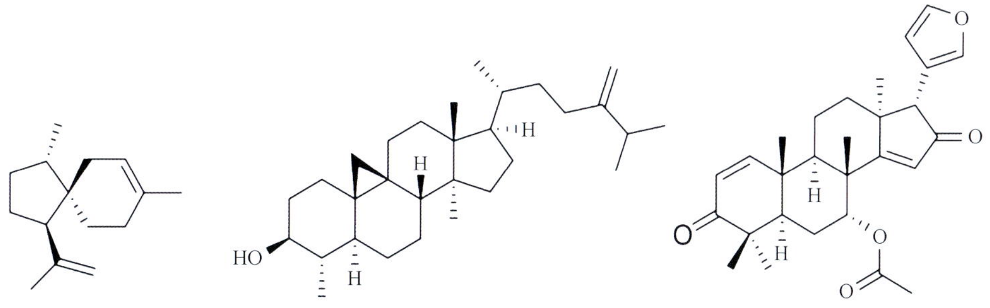

β-acoradiene　　　cycloeucalenol　　　azadiradione

图69-2　洋椿中代表性化学成分的结构式

【药理作用】

洋椿的乙醇提取物对 α-葡萄糖苷酶具有显著的抑制活性[5]。从洋椿中分离得到的酚类化合物具有抗氧化活性，并对高胆固醇血症模型小鼠有降血脂的作用[6]。

【应用】

洋椿可用于制作家具，也常用于道路美化。洋椿的嫩芽及新叶可作菜肴食用。洋椿可供药用，用于治疗风寒感冒、胸痛、胃溃疡出血、湿气下痢、疝气痛等[7]。在非洲，由洋椿树皮制成的汤剂常用于治疗疟疾和发热[8]。

参 考 文 献

[1] 中国科学院中国植物志编辑委员会. 中国植物志 [M]. 北京：科学出版社，1997，43：43.

[2] Asekun OT，Ekundayo O. Constituents of the leaf essential oil of *Cedrela odorata* L. from Nigeria [J]. *Flavour and Fragrance Journal*，1999，14（6）：390-392.

[3] de Paula JR，Vieira IJC，da Silva MFDGF，*et al.* Sesquiterpenes，triterpenoids，limonoids and flavonoids of *Cedrela odorata* graft and speculations on the induced resistance against *Hypsipyla grandella* [J]. *Phytochemistry*，1997，44（8）：1449-1454.

[4] Campos AM，Oliveira FS，Machado MIL，*et al.* Triterpenes from *Cedrela odorata* [J]. *Phytochemistry*，1991，30（4）：1225-1229.

[5] Giordani MA，Collicchio TCM，Ascêncio SD，*et al.* Hydroethanolic extract of the inner stem bark of *Cedrela odorata* has low toxicity and reduces hyperglycemia induced by an overload of sucrose and glucose [J]. *Journal of Ethnopharmacology*，2015，162：352-361.

[6] Almonte-Flores DC，Paniagua-Castro N，Escalona-Cardoso G，*et al.* Pharmacological and genotoxic properties of polyphenolic extracts of *Cedrela odorata* L. and *Juglans regia* L. barks in rodents [J]. *Evidence-Based Complementary and Alternative Medicine*，2015，（2）：1-8.

[7] 薛聪贤，杨宗愈. 景观植物大图鉴2：观赏树木680种（珍藏版）[M]. 广州：广东科技出版社，2015，5：168.

[8] Kipassa NT，Iwagawa T，Okamura H，*et al.* Limonoids from the stem bark of *Cedrela odorata* [J]. *Phytochemistry*，2008，69（8）：1782-1787.

绒毛钩藤

【植物基源与形态】

绒毛钩藤[*Uncaria tomentosa*（Willd. ex Schult.）DC.]为茜草科（Rubiaceae）钩藤属藤本植物，又名猫爪藤，主要分布于南美洲亚马孙流域的热带雨林。绒毛钩藤为常绿、多刺的攀缘灌木，常攀缘于其他植物之上。绒毛钩藤的茎长可达30 m，靠近基部的直径为8～25 cm[1]（图70-1）。

图70-1　绒毛钩藤（*Uncaria tomentosa*）

【化学成分】

绒毛钩藤中含有吲哚生物碱类[钩藤碱（rhynchophylline）、uncarine F等]、三萜类（鸡纳酸-3-*O*-β-D-吡喃奎诺糖基-27-*O*-β-D-吡喃葡萄糖苷[quinovic acid 3-β-*O*-（β-D-quinovopyranosyl）-（27→1）-β-D-glucopyranosyl ester]等）、甾体类、多酚类、黄酮类等多种化学成分[2-6]（图70-2）。

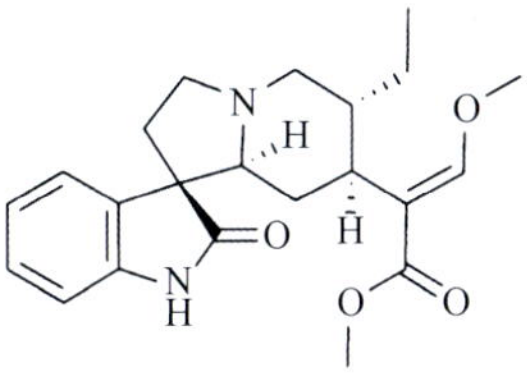

rhynchophylline

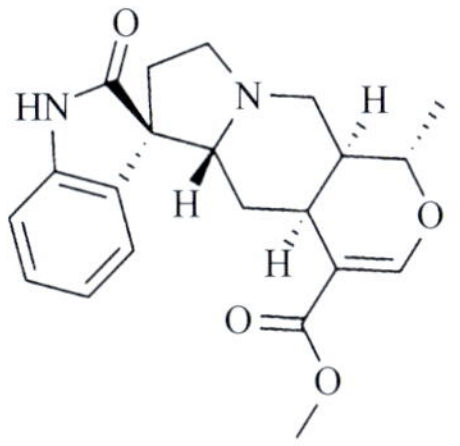

uncarine F

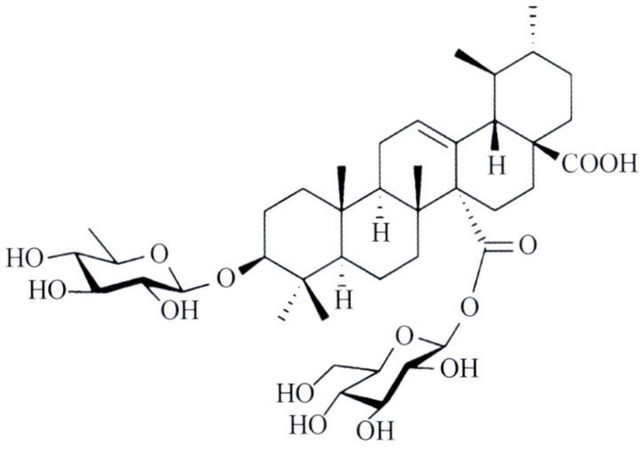

quinovic acid 3-β-*O*-(β-D-quinovopyranosyl)-(27→1)-β-D-glucopyranosyl ester

图70-2　绒毛钩藤中代表性化学成分的结构式

【药理作用】

绒毛钩藤具有抗氧化[3, 7-10]、抗炎[8, 10, 11]、抗肿瘤[6, 12, 13]、抗细菌（肠杆菌科细菌、变形链球菌、葡萄球菌等）[14]、抗真菌（光滑念珠菌、克鲁斯念珠菌等）[15]、抗寄生虫（弩巴贝虫、马泰勒虫等）[16]、抗病毒、免疫调节等多种药理活性[17]。

【应用】

绒毛钩藤的树皮和根是秘鲁的传统草药，用于治疗慢性炎症、胃肠道功能障碍、肿瘤、经期不调、病毒感染等。目前，绒毛钩藤已被开发成为多种药品在美洲和欧洲销售[3, 6]。

参 考 文 献

[1] http：//tropical.theferns.info/viewtropical.php?id=Uncaria+tomentosa

[2] Heitzman ME，Neto CC，Winiarz E，et al. Ethnobotany，phytochemistry and pharmacology of *Uncaria*（Rubiaceae）[J]. *Phytochemistry*，2005，66（1）：5-29.

[3] El-Saber Batiha G，Beshbishy AM，Wasef L，et al. *Uncaria tomentosa*（Willd. ex Schult.）DC.: a review on chemical constituents and biological activities [J]. *Applied Sciences*，2020，10（8）：2668.

[4] 许丹丹，莫志贤. 钩藤与绒毛钩藤的化学成分及药理作用[J]. 中药新药与临床药理，2005，16（4）：311-314.

[5] Aquino R，De Feo V，De Simone F，et al. Plant metabolites. New compounds and anti-inflammatory activity of *Uncaria tomentosa* [J]. *Journal of Natural Products*，1991，54（2）：453-459.

[6] Sheng Y，Akesson C，Holmgren K，et al. An active ingredient of Cat's Claw water extracts. Identification and efficacy of quinic acid [J]. *Journal of Ethnopharmacology*，2005，96（3）：577-584.

[7] Navarro-Hoyos M，Lebron-Aguilar R，Quintanilla-Lopez JE，et al. Proanthocyanidin characterization and bioactivity of extracts from different parts of *Uncaria tomentosa* L.（Cat's Claw）[J]. *Antioxidants*，2017，6（1）：12/11-12/18.

[8] Manuel S，Randi MC，Nataly NO，et al. Cat's claw inhibits TNFα production and scavenges free radicals：role in cytoprotection [J]. *Free Radical Biology & Medicine*，2000，29（1）：71-78.

[9] Bors M，Bukowska B，Pilarski R，et al. Protective activity of the *Uncaria tomentosa* extracts on human erythrocytes in oxidative stress induced by 2，4-dichlorophenol（2，4-DCP）and catechol [J]. *Food and Chemical Toxicology*，2011，49（9）：2202-2211.

[10] Sandoval M，Okuhama NN，Zhang XJ，et al. Anti-inflammatory and antioxidant activities of cat's claw（*Uncaria tomentosa* and *Uncaria guianensis*）are independent of their alkaloid content [J]. *Phytomedicine*，2002，9（4）：325-337.

[11] Cisneros FJ，Jayo M，Niedziela L. An *Uncaria tomentosa*（cat's claw）extract protects mice against ozone-induced lung inflammation [J]. *Journal of Ethnopharmacology*，2005，96（3）：355-364.

[12] Dreifuss AA，Bastos-Pereira AL，Fabossi IA，et al. *Uncaria tomentosa* exerts extensive anti-neoplastic effects against the Walker-256 tumour by modulating oxidative stress and not by alkaloid activity [J]. *PLoS One*，2013，8（2）：e54618.

[13] Rinner B，Li ZX，Haas H，et al. Antiproliferative and pro-apoptotic effects of *Uncaria tomentosa* in human medullary thyroid carcinoma cells [J]. *Anticancer Research*，2009，29（11）：4519-4528.

[14] Ccahuana-Vasquez RA，Santos SSFd，Koga-Ito CY，et al. Antimicrobial activity of *Uncaria tomentosa* against oral human pathogens [J]. *Brazilian Oral Research*，2007，21（1）：46-50.

［15］Moraes RC，Dalla Lana AJ，Kaiser S，*et al*. Antifungal activity of *Uncaria tomentosa*（Willd.）D.C. against resistant non-albicans *Candida* isolates［J］. *Industrial Crops and Products*，2015，69：7-14.

［16］Batiha，GES，Beshbishy AA，Tayebwa DS，*et al*. Inhibitory effects of *Uncaria tomentosa* bark，*Myrtus communis* roots，*Origanum vulgare* leaves and *Cuminum cyminum* seeds extracts against the growth of *Babesia* and *Theileria in vitro*［J］. *Japanese Journal of Veterinary Parasitology*，2018，17（1）：1-13.

［17］Reis SRIN，Valente LMM，Sampaio AL，*et al*. Immunomodulating and antiviral activities of *Uncaria tomentosa* on human monocytes infected with Dengue Virus-2［J］. *International Immunopharmacology*，2008，8（3）：468-476.

71 热唇草

【植物基源与形态】

热唇草（*Psychotria poeppigiana* Müll.Arg.）为茜草科（Rubiaceae）九节属植物，主要分布于拉丁美洲，因其具有鲜红的苞叶似嘴唇，故又被称为"热唇"[1]。热唇草为常绿灌木或半灌木，高0.7～3 m，也可高至6 m[2]（图71-1）。

图71-1 热唇草（*Psychotria poeppigiana*）

【化学成分】

热唇草中含有酚酸类（syringaldehyde、3-methoxy-4-hydroxybenzoic acid 等）、甾醇类、脂肪酸类（methyl palmitate 等）、生物碱类、三萜皂苷类等多种化学成分[1, 3]（图71-2）。

syringaldehyde

3-methoxy-4-hydroxybenzoic acid

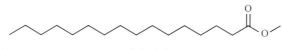

methyl palmitate

图71-2 热唇草中代表性化学成分的结构式

【药理作用】

热唇草的提取物具有血管紧张素AT$_1$受体和内皮素受体拮抗活性，能够舒张血管[1, 4]，还具有胆碱酯酶抑制活性[5]。

【应用】

热唇草在拉丁美洲地区常用于治疗发热和胃肠道疾病，在巴拿马地区可用于治疗呼吸困难[1]。

参 考 文 献

[1] Guerrero EI，Moran-Pinzon JA，Ortiz LG，*et al*. Vasoactive effects of different fractions from two Pana-manians plants used in Amerindian traditional medicine [J]. *Journal of Ethnopharmacology*，2010，131（2）：497-501.

[2] http：//tropical.theferns.info/viewtropical.php?id=Psychotria+poeppigiana

[3] Coe FG，Parikh DM，Johnson CA. Alkaloid presence and brine shrimp（*Artemia salina*）bioassay of medicinal species of eastern Nicaragua [J]. *Pharmaceutical Biology*，2010，48（4）：439-445.

[4] Caballero-George C，Vanderheyden PM，Solis PN，*et al*. Biological screening of selected medicinal Panama-nian plants by radioligand-binding techniques [J]. *Phytomedicine*，2001，8（1）：59-70.

[5] Volobuff CRF，Junior PCO，dos Santos SM，*et al*. Antitumoral and anticholinesterasic activities of the seven species from Rubiaceae [J]. *Current Pharmaceutical Biotechnology*，2019，20（4）：302-308.

翅荚决明

【植物基源与形态】

翅荚决明（*Senna alata*（Linnaeus）Rox-burgh）为豆科（Fabaceae）决明属植物，又名翅果决明，原产于南美洲，现广布于全世界的热带地区。翅荚决明为直立灌木，高1.5～3 m。叶有6～12对小叶，倒卵状长圆形或长圆形，长8～15 cm，宽3.5～7.5 cm。花序顶生和腋生，具长梗，单生或分枝，长10～50 cm；花直径约2.5 cm，花瓣黄色，有明显的紫色脉纹。荚果长带状，长10～20 cm，宽1.2～1.5 cm，果瓣的中央顶部有直贯至基部的翅，具圆钝的齿[1-5]（图72-1）。

图72-1 翅荚决明（*Senna alata*）

【化学成分】

翅荚决明中主要含有黄酮类［山柰酚（kaempferol）等］和蒽醌类［芦荟大黄素（aloe emodin）等］化合物，还含有挥发油类、萜类、生物碱类等其他化学成分[3-8]（图72-2）。

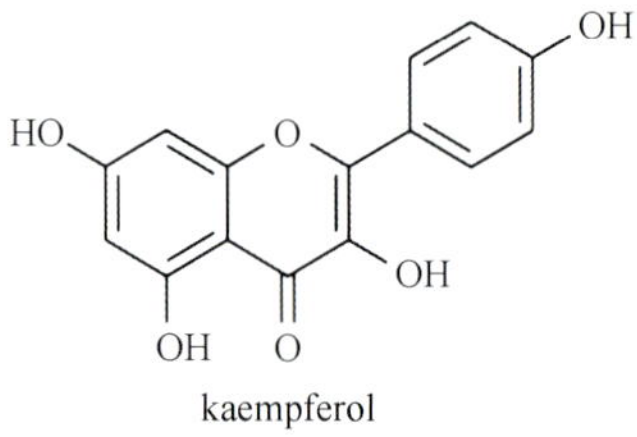

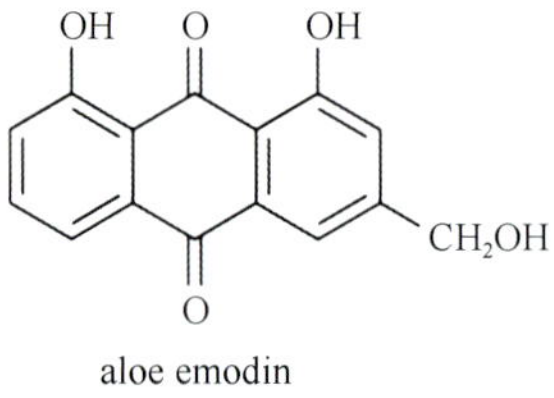

kaempferol

aloe emodin

图72-2 翅荚决明中代表性化学成分的结构式

【药理作用】

翅荚决明具有致泻作用[3]、镇痛作用[3]及抗微生物活性[3,7]，其叶的提取物具有抗氧化作用，可清除DPPH自由基[5,6]。翅荚决明所含有的山柰酚（kaempferol）、kaempferol 3-*O*-gentiobioside等黄酮类成分对α-葡萄糖苷酶具有抑制作用，可能是通过抑制碳水化合物的消化而发挥降血糖作用[4]。

【应用】

翅荚决明可用于治疗头痛[2]、糖尿病、疟疾及便秘[3]。在泰国，翅荚决明亦用于治疗细菌和真菌感染[8]。翅荚决明还可以用于治疗脓疱疮、梅毒、银屑病、疥疮、皮疹、瘙痒等皮肤病[5,9]。

参 考 文 献

[1] 中国科学院中国植物志编辑委员会. 中国植物志 [M]. 北京：科学出版社，1988，39：131.

[2] De la Torre L，Navarrete H，Muriel P，et al. Enciclopedia de las Plantas Útiles del Ecuador (con extracto de datos) [M]. Ecuador：Herbario QCA de la Escuela de Ciencias Biológicas de la Pontificia Universidad Católica del Ecuador & Herbario AAU del Departamento de Ciencias Biológicas de la Universidad de Aarhus，2008，597.

[3] Hennebelle T，Weniger B，Joseph H，et al. Senna alata [J]. Fitoterapia，2009，80(7)：385-393.

[4] Varghese GK，Bose LV，Habtemariam S. Antidiabetic components of Cassia alata leaves：Identification through α-glucosidase inhibition studies [J]. Pharmaceutical Biology，2012，51(3)：345-349.

[5] Abubakar I，Mann A，Mathew JT. Evaluation of phytochemical，anti-nutritional and antioxidant potentials of flower and seed methanol extracts of Senna alata L. grown in Nigeria [J]. American Journal of Applied Chemistry，2015，3(3)：93-100.

[6] Sugumar M，Doss VA，Maddisetty P，et al. Pharmacological analysis of hydroethanolic extract of Senna alata(L.)for in vitro free radical scavenging and cytotoxic activities against HepG$_2$ cancer cell line [J]. Pakistan Journal of Pharmaceutical Sciences，2019，32(3)：933-936.

[7] Idu M，Omonigho SE，Igeleke CL. Preliminary investigation on the phytochemistry and antimicrobial activity of Senna alata L. Flower [J]. Pakistan Journal of Biological Sciences，2007，10(5)：806-809.

[8] Adelowo F，Oladeji O. An overview of the phytochemical analysis of bioactive compounds in Senna alata [J]. American Journal of Chemical and Biochemical Engineering，2017，2(1)：7-14.

[9] Eusebio-Alpapara KMV，Dofitas BL，Balita-Crisostomo CLA，et al. Senna (Cassia)alata(Linn.)Roxb. leaf decoction as a treatment for tinea imbricata in an indigenous tribe in Southern Philippines [J]. Mycoses，2020，63(11)：1226-1234.

积 雪 草

【植物基源与形态】

积雪草［*Centella asiatica*（L.）Urban］为伞形科（Apiaceae）积雪草属植物，分布于亚洲和南美洲。积雪草为多年生蔓生草本植物，叶单生或群生，被短柔毛或无毛；叶片宽，肾形至近圆形。花序伞形，花梗长，雌雄同体，卵形，宿存苞片；花瓣5片，深红色至绿白色。果实圆形，成熟时呈棕色[1]（图73-1）。

图73-1　积雪草（*Centella asiatica*）

【化学成分】

积雪草中主要含有三萜类（asiaticoside、centelloside、asiatic acid、brahmicacid、centellicacid、madecassic acid等）和黄酮类（castilliferol、castillicetin、quercetin-3-*O*-*β*-D-glucuronide等）化合物，还含有甾体类、挥发油类等其他化学成分[2-5]（图73-2）。

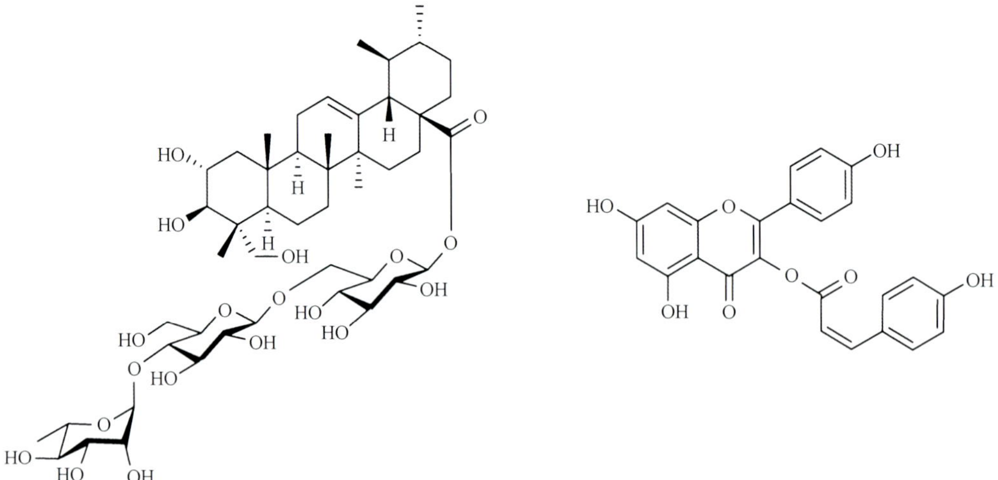

asiaticoside

castilliferol

图73-2　积雪草中代表性化学成分的结构式

【药理作用】

积雪草具有抗氧化和抗炎活性，其甲醇提取物可通过调节炎症细胞因子，保护糖尿病大鼠肾脏和脑组织免受氧化应激损害[6]。积雪草中含有的三萜类化合物asiaticoside具有促进创面愈合的作用[7]，黄酮类成分castilliferol和castillicetin则具有良好的抗氧化活性[4]。

【应用】

积雪草可用于治疗枪伤、烧伤、胃溃疡等[1]。

参 考 文 献

[1] 中国科学院中国植物志编辑委员会. 中国植物志 [M]. 北京：科学出版社，1979，55：31.

[2] James JT，Dubery IA. Pentacyclic triterpenoids from the medicinal herb，*Centella asiatica*（L.）Urban [J]. *Molecules*，2009，14（10）：3922-3941.

[3] Rumalla CS，Ali Z，Weerasooriya AD，*et al*. Two new triterpene glycosides from *Centella asiatica* [J]. *Planta Medica*，2010，76（10）：1018-1021.

[4] Subban R，Veerakumar A，Manimaran R，*et al*. Two new flavonoids from *Centella asiatica*（Linn.）[J]. *Journal of Natural Medicine*s，2008，62（3）：369-373.

[5] Wong KC，Tan GL. Essential oil of *Centella asiatica*（L.）Urb [J]. *Journal of Essential Oil Research*，1994，6（3）：307-309.

[6] Masola B，Oguntibeju OO，Oyenihi AB. *Centella asiatica* ameliorates diabetes-induced stress in rat tissues via influences on antioxidants and inflammatory cytokines [J]. *Biomedicine & Pharmacotherapy*，2018，101：447-457.

[7] Ahmed AS，Taher M，Mandal UK，*et al*. Pharmacological properties of *Centella asiatica* hydrogel in accelerating wound healing in rabbits [J]. *BMC Complementary and Alternative Medicine*，2019，19（1）：1-7.

74　通　奶　草

图 74-1　通奶草（*Euphorbia hypericifolia*）

【植物基源与形态】

通 奶 草［*Euphorbia hypericifolia*（L.）］为大戟科（Euphorbiaceae）大戟属植物，原产于美洲的热带及亚热带地区。通奶草为一年生草本，高可达 60 cm。叶对生，叶片椭圆形，基部楔形。头状花序，腋生，直径约1.5 cm；花单性，雄花无梗，苞片线形，雄蕊长约 0.5 mm；雌花具短花梗，无毛。蒴果直径约 1.5 mm；种子卵球形，长约 1 mm，灰紫色[1-4]（图 74-1）。

【化学成分】

通奶草中主要含有齐墩果烷型、乌苏烷型和羽扇豆烷型（euphyperin B 等）三萜类化合物[5, 6]，还含有甾体类（euphyperin C 等）、黄酮类（rhamnetin 3-rhamnoside、5′-methoxy-8-methyl-6-prenyl-5, 7-dihydroxy-3′, 4′-methylenedioxy-flavone 等）等其他化学成分[1, 5-7]（图 74-2）。

【药理作用】

通奶草对黄曲霉具有显著的生长抑制作用[1]。从通奶草中分离得到的齐墩果烷型三萜类化合物 euphyperin A 具有蛋白酪氨酸磷酸酶 1B（PTP1B）抑制活性[6]。

euphyperin B

euphyperin C

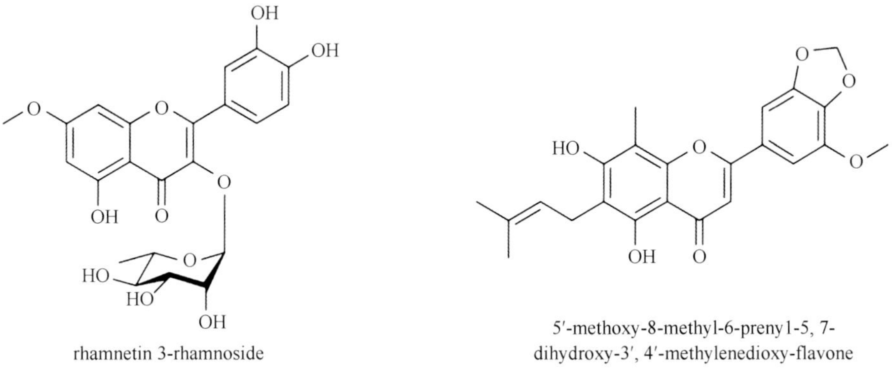

rhamnetin 3-rhamnoside

5′-methoxy-8-methyl-6-preny1-5, 7-
dihydroxy-3′, 4′-methylenedioxy-flavone

图74-2　通奶草中代表性化学成分的结构式

【应用】

在南美洲，通奶草常被用于治疗各种胃肠道疾病，还可用于治疗淋病、白带、肺炎、支气管炎等[2]。在印度，其被用于治疗腹痛、腹泻、痢疾等[5]。

参 考 文 献

[1] https：//www.cabi.org/isc/datasheet/119929#tosummaryOfInvasiveness.

[2] https：//prota.prota4u.org/protav8.asp?h=M1，M15，M17，M25，M26，M27，M34，M36，M4，M6，M7，M8&t=Euphorbia，hypericifolia，EUPHORBIA&p=Euphorbia+hypericifolia#Protologue.

[3] http：//tropical.theferns.info/viewtropical.php?id=Euphorbia+hypericifolia.

[4] 中国科学院中国植物志编辑委员会. 中国植物志 [M]. 北京：科学出版社，1997，44：41.

[5] Saini S，Intekhab J. Phytochemical studies on *Euphorbia hypericifolia* [J]. *International Education and Research Journal*，2016，2（1）：63-65.

[6] Zhao JX，Shi SS，Sheng L，Li J，Yue JM. Terpenoids and steroids from *Euphorbia hypericifolia* [J]. *Natural Product Communications*，2015，10（12）：2049-2052.

[7] Rizk AM，Rimpler H，Ismail SI. Flavonoids and ellagic acid from *Euphorbia hypericifolia* L.（=*Euphorbia indica* Lam.）[J]. *Fitoterapia*，1977，48（3）：99-100.

75 桑

【植物基源与形态】

桑 [*Morus alba*（L.）] 为桑科（Moraceae）桑属植物，在南美地区有广泛栽培。为乔木或为灌木，高约10 m或更高。树皮厚，灰色。叶互生，单叶，卵形，鲜绿色。雄花序下垂，密被白色柔毛，花丝绿色；雌花无梗，倒卵形，无花柱，柱头2裂。果实卵状椭圆形，下垂，未成熟时红色，成熟时黑紫色、紫色[1]（图75-1）。

图75-1 桑（*Morus alba*）

【化学成分】

桑中主要含有黄酮类（moralbanone、kuwanon S、norartocarpetin、leachianone G等）、酚类（moracin B、moracin J等）和生物碱类（1-deoxynojirimycin、3β, 6β-dihydroxynortropane等）化合物[2-4]（图75-2）。

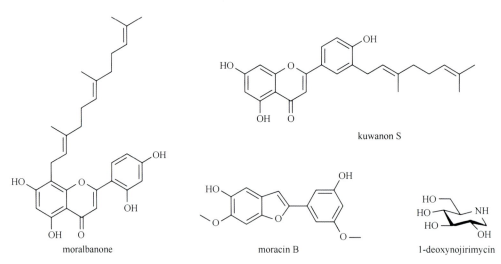

kuwanon S

moralbanone

moracin B

1-deoxynojirimycin

图75-2 桑中代表性化学成分的结构式

【药理作用】

桑中分离得到的单体化合物leachianone G具有抗病毒（HSV-1）活性[2]，moracin J具有抑制黑色素生成的活性[3]，1-deoxynojirimycin则具有α-葡萄糖苷酶抑制活性[4]。

【应用】

桑叶可用于养蚕及制作动物饲料，果实可食用或制作甜点、馅饼、甜酒和果酱，树皮可以用于造纸，木材可用于制作家具[1]。桑叶可用于治疗和预防糖尿病，根皮可抗炎、利尿、止咳和解热[4]。

参 考 文 献

[1] 中国科学院中国植物志编辑委员会. 中国植物志 [M]. 北京：科学出版社，1998，23：7.

[2] Du J，He ZD，Jiang RW，*et al*. Antiviral flavonoids from the root bark of *Morus alba* L. [J]. *Phytochemistry*，2003，62（8）：1235-1238.

[3] Li HX，Park JU，Su XD，*et al*. Identification of anti-melanogenesis constituents from *Morus alba* L. leaves [J]. *Molecules*，2018，23（10）：2559.

[4] Asano N，Yamashita T，Yasuda K，*et al*. Polyhydroxylated alkaloids isolated from mulberry trees（*Morus alba* L.）and silkworms（*Bombyx mori* L.）[J]. *Journal of Agricultural and Food Chemistry*，2001，49（9）：4208-4213.

76　桑　德　木

【植物基源与形态】

桑德木 [*Brosimum utile* (Kunth) Oken ex J. Presl] 为桑科（Moraceae）蛇桑属植物，原产于厄瓜多尔。桑德木为常青乔木，高可达 30 m。树干直，圆柱形[1]（图76-1）。

图76-1　桑德木（*Brosimum utile*）

【化学成分】

桑德木中主要含有以 isowigtheone hydrate、lupalbigenin 等为代表的黄酮类化合物，还含有少量的 epicatechin 等儿茶素类成分[2]（图76-2）。

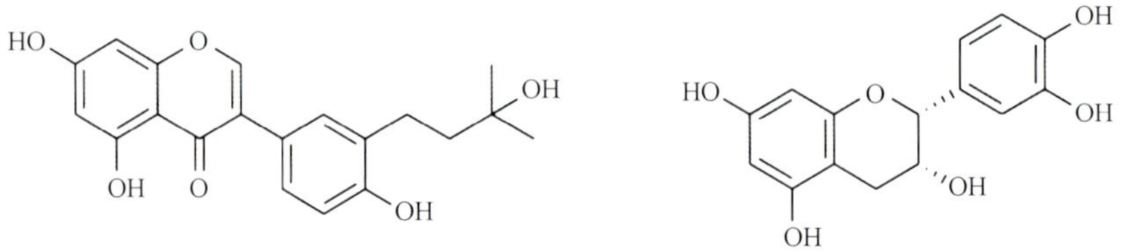

isowigtheone hydrate

epicatechin

图76-2　桑德木中代表性化学成分的结构式

【药理作用】

桑德木中的异黄酮类化合物 isowigtheone hydrate 对人乳腺癌 MCF-7 细胞和人前列腺癌 PC3 细胞有显著的细胞毒活性[2]。

【应用】

桑德木的果实可食用，木质茎可用于建筑和制作家具。桑德木的乳胶可用作驱虫药，亦可用于治疗脓肿、中风、肿胀、肝肾疼痛等，还可用于促进伤口愈合[3]。

参 考 文 献

[1] http：//tropical.theferns.info/viewtropical.php?id=Brosimum+utile

［2］Ferrari F，Monache FD，Suárez AI，*et al*. New cytotoxic isoflavone from the root bark of *Brosimum utile* ［J］. *Natural Product Research*，2005，19（4）：331-335.

［3］De la Torre L，Navarrete H，Muriel P，*et al*. *Enciclopedia de las Plantas Útiles del Ecuador*（con extracto de datos）［M］. Herbario QCA de la Escuela de Ciencias Biológicas de la Pontificia Universidad Católica del Ecuador & Herbario AAU del Departamento de Ciencias Biológicas de la Universidad de Aarhus，2008，597.

球花醉鱼草

【植物基源与形态】

球花醉鱼草（*Buddleja globosa* Hope）为玄参科（Scrophulariaceae）醉鱼草属植物。球花醉鱼草为阔叶落叶或半常绿灌木，高3～4.5 m。叶对生，椭圆形到披针形，长8～20 cm，渐尖，具钝齿边缘。花小，橙黄色，在2 cm球状头中顶生[1]（图77-1）。

图77-1 球花醉鱼草（*Buddleja globosa*）

【化学成分】

球花醉鱼草中含有苯丙素类（verbascoside等）、萜类（buddlejone、7-*p*-methoxycinnamoylaucubin等）、黄酮类等多种化学成分[2-4]（图77-2）。

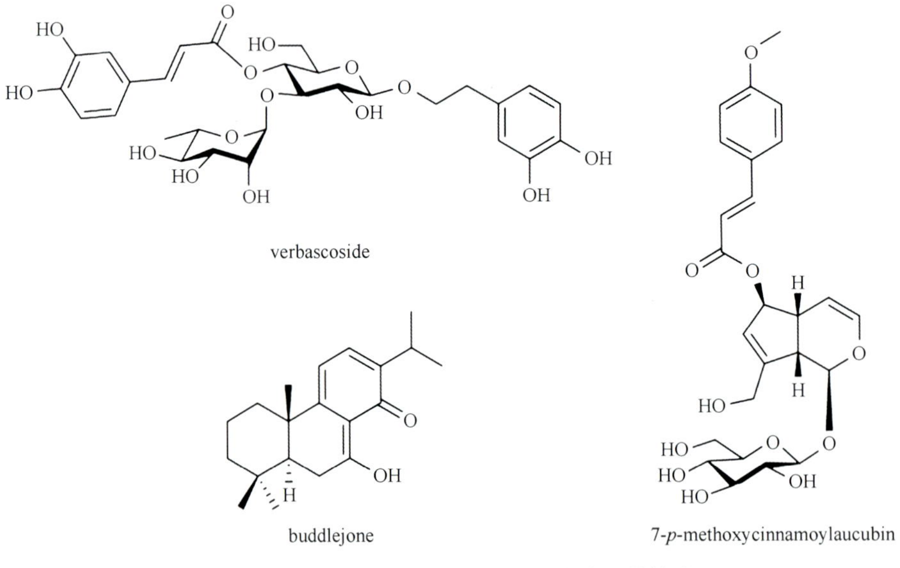

verbascoside

buddlejone

7-*p*-methoxycinnamoylaucubin

图77-2 球花醉鱼草中代表性化学成分的结构式

【药理作用】

球花醉鱼草可抑制血小板活化[5]，有止痛、消炎的作用[6, 7]。球花醉鱼草叶的提取物具有抗氧化、抗溶血[8]及抑菌作用[2]。

【应用】

球花醉鱼草在民间可用于促进伤口愈合[6]及治疗肝脏疾病[4]。

参 考 文 献

[1] https：//landscapeplants.oregonstate.edu/plants/buddleia-globosa

[2] Pardo F，Perich F，Villarroel L，*et al*. Isolation of verbascoside，an antimicrobial constituent of *Buddleja globosa* leaves [J]. *Ethnopharmacol*，1993，39（3）：221-222.

[3] Mensah AY，Houghton PJ，Bloomfield S，*et al*. Known and novel terpenes from *Buddleja globosa* displaying selective antifungal activity against dermatophytes [J]. *Journal of Natural Products*，2000，63（9）：1210-1213.

[4] Houghton PJ，Hikino H. Anti-hepatotoxic activity of extracts and constituents of *Buddleja* species [J]. *Planta Medica*，1989，（2）：123-126.

[5] Fuentes M，Sepúlveda C，Alarcón M，*et al*. *Buddleja globosa*（matico）prevents collagen-induced platelet activation by decreasing phospholipase C-gamma 2 and protein kinase C phosphorylation signaling [J]. *Journal of Traditional and Complementary Medicine*，2017，8（1）：66-71.

[6] Backhouse N，Delporte C，Apablaza C，*et al*. Antinociceptive activity of *Buddleja globosa*（matico）in several models of pain [J]. *Journal of Ethnopharmacology*，2008，119（1）：160-165.

[7] Backhouse N，Rosales L，Apablaza C，*et al*. Analgesic，anti-inflammatory and antioxidant properties of *Buddleja globosa*，Buddlejaceae [J]. *Journal of Ethnopharmacology*，2008，116（2）：263-269.

[8] Suwalsky M，Duguet J，Speisky H. An *in vitro* study of the antioxidant and antihemolytic properties of *Buddleja globosa*（Matico）[J]. *The Journal of Membrane Biology*，2017，250（3）：239-248.

78　黄　葵

【植物基源与形态】

黄葵（*Abelmoschus moschatus* Medicus）为锦葵科（Malvaceae）秋葵属植物，又名山油麻、野棉花、芙蓉麻，广泛分布于美洲、亚洲及非洲。黄葵为一年或二年生草本，高1～2 m，被粗毛。叶通常掌状5～7深裂，直径6～15 cm；裂片披针形至三角形，边缘具不规则锯齿。花单生于叶腋间，小苞片线形；花萼佛焰苞状，5裂，常早落；花黄色，内面基部暗紫色，直径7～12 cm。蒴果长圆形，顶端尖，被黄色长硬毛。种子肾形，具腺状脉纹，具香味[1]（图78-1）。

图78-1　黄葵（*Abelmoschus moschatus*）

【化学成分】

黄葵中主要含有杨梅素（myricetin）、槲皮素、金丝桃苷（hyperin）、槲皮素-3-杨槐双糖苷等黄酮及其苷类化合物，还含有多酚类、甾醇类、挥发油类等其他化学成分[2-4]（图78-2）。

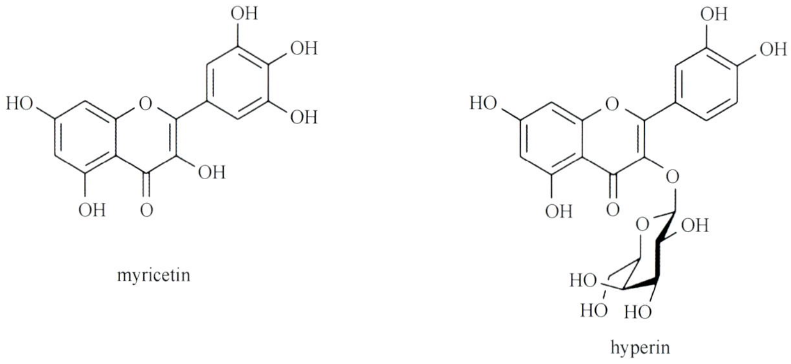

myricetin

hyperin

图78-2　黄葵中代表性成分的化学结构式

【药理作用】

黄葵籽的水提液对枯草芽孢杆菌、金黄色葡萄球菌和铜绿假单胞菌有较好的抑菌活性，其醇提液对白色念珠菌有较强的抗菌活性[3]。黄葵籽的挥发油类成分对自由基具有较好的清除能力[4]。黄葵的氯仿提取物能显著提高肾小球的滤过率，具有抗结石作用[5]。黄葵还可有效改善胰岛素抵抗，具有降血糖作用[6]。

【应用】

在沙特阿拉伯，黄葵籽常被用作调料，还可用于烘焙食品，制作冰淇淋、糖果和酒精饮料。在中国，黄葵可被制成黄葵胶囊等制剂，并广泛应用于治疗慢性肾炎等疾病。

参 考 文 献

[1] 中国科学院中国植物志编辑委员会. 中国植物志 [M]. 北京：科学出版社，1984，49：58.

[2] Liu IM，Liou SS，Lan TW，*et al*. Myricetin as the active principle of *Abelmoschus moschatus* to lower plasma glucose in streptozotocin-induced diabetic rats [J]. *Planta Medica*，2005，71（7）：617-621.

[3] Gul MZ，Bhakshu LM，Ahmad F，*et al*. Evaluation of *Abelmoschus moschatus* extracts for antioxidant，free radical scavenging，antimicrobial and antiproliferative activities using *in vitro* assays [J]. *BMC Complementary and Alternative Medicine*，2011，11（1）：64.

[4] Li PY，Su W，Huo LN，*et al*. Studies on the chemical constituents of volatile oil and antioxidant activity of *Abelmoschus moschatus* seed [J]. *LiShiZhen Medicine and Materia Medica Research*，2012，23（3）：603-604.

[5] Pawar AT，Vyawahare NS. Antiurolithiatic activity of *Abelmoschus moschatus* seed extracts against zinc disc implantation-induced urolithiasis in rats [J]. *Journal of Basic and Clinical Pharmacy*，2016，7（2）：32.

[6] Liu IM，Tzeng TF，Liou SS. *Abelmoschus moschatus*（Malvaceae），an aromatic plant，suitable for medical or food uses to improve insulin sensitivity [J]. *Phytotherapy Research*：*An International Journal Devoted to Pharmacological and Toxicological Evaluation of Natural Product Derivatives*，2010，24（2）：233-239.

79 银 合 欢

【植物基源与形态】

银合欢 [*Leucaena leucocephala* (Lam.) de Wit] 为豆科 (Fabaceae) 银合欢属植物，又名白合欢，主要分布于南美洲等热带地区，我国台湾、福建、广东等地多有栽培。银合欢为灌木或小乔木，高 2～6 m。幼枝被短柔毛，老枝无毛，具褐色皮孔，无刺。羽片 4～8 对，小叶 5～15 对，边缘被短柔毛。头状花序，花白色，花瓣狭倒披针形。荚果带状。种子卵形[1, 2]（图 79-1）。

图 79-1 银合欢（*Leucaena leucocephala*）

【化学成分】

银合欢中含有 mimosine、trigonelline 等生物碱类化合物，还含有黄酮类、酚酸类、挥发油类、皂苷类等其他化学成分[2-7]（图 79-2）。

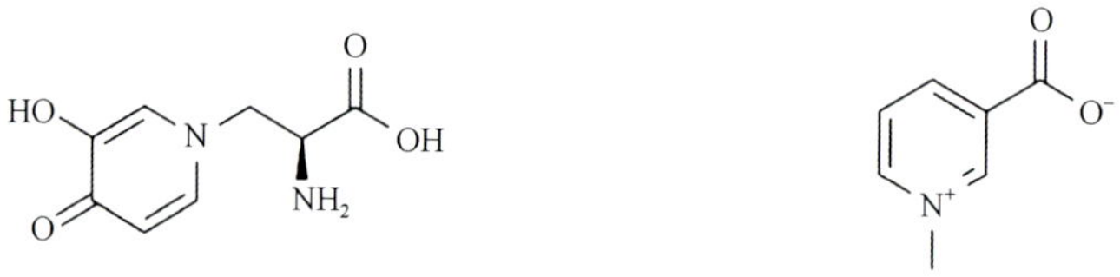

mimosine

trigonelline

图 79-2 银合欢中代表性化学成分的结构式

【药理作用】

银合欢的提取物及其中的黄酮糖苷类化合物具有抗氧化活性，能清除 DPPH 自由基[2, 7, 8]，并对细菌（金黄色葡萄球菌、大肠埃希菌等）具有抑制作用[9, 10]。银合欢的提取物能够减弱 SCC-9 和 SAS 口腔癌细胞的迁移和侵袭能力[11]，还具有降血糖[8, 12]、抗炎[13] 和驱虫[14] 活性。

【应用】

银合欢为药食同源植物，民间常用于治疗胃痛，也可用作避孕和堕胎药[5]。

参 考 文 献

[1] 中国科学院中国植物志编委会. 中国植物志 [M]. 北京：科学出版社，1988，39：18.

[2] Zayed MZ，Sallam SMA，Shetta ND. Review article on *Leucaena leucocephala* as one of the miracle timber trees [J]. *International Journal of Pharmacy and Pharmaceutical Sciences*，2018，10（1）：1-7.

[3] Zayed MZ，Wu A，Sallam SM. Comparative phytochemical constituents of *Leucaena leucocephala*（Lam.）leaves，fruits，stem barks，and wood branches grown in Egypt using GC-MS method coupled with multivariate statistical approaches [J]. *Bioresources*，2019，14（1）：996-1013.

[4] Paramesawarn K，Jayanthy V. Evaluation of phytochemicals and quantification of phenol，flavonoids and tannins of pods of *Leucaena leucocephala*（Lam.）De Wit [J]. *American-Eurasian Journal of Agricultural & Environmental Sciences*，2016，16：1561-1564.

[5] Zayed MZ，Samling B. Phytochemical constituents of the leaves of *Leucaena leucocephala* from Malaysia [J]. *International Journal of Pharmacy and Pharmaceutical Sciences*，2016，8（12）：174-179.

[6] Ogita S，Kato M，Watanabe S，*et al*. The co-occurrence of two pyridine alkaloids，mimosine and trigonelline，in *Leucaena leucocephala* [J]. *Zeitschrift fur Naturforschung. C，Journal of Biosciences*，2014，69（3-4）：124-132.

[7] Hidayat T，Hamzah B，Jura M. Determination of total flavonoid contents and antioxidant activity of *Leucaena Leucocephala* leaves's extract [J]. *Jurnal Akademika Kimia*，2020，9：70-77.

[8] Chowtivannakul P，Srichaikul B，Talubmook C. Antidiabetic and antioxidant activities of seed extract from *Leucaena leucocephala*（Lam.）de Wit [J]. *Agriculture and Natural Resources*，2016，50（5）：357-361.

[9] Aderibigbe S，Adetunji O，Odeniyi M. Antimicrobial and pharmaceutical properties of the seed oil of *Leucaena leucocephala*（Lam.）de Wit（Leguminosae）[J]. *African Journal Biomedical Research*，2011，14：63-68.

[10] Mohammed RS，El Souda SS，Taie HAA，*et al*. Antioxidant，antimicrobial activities of flavonoids glycoside from *Leucaena leucocephala* leaves [J]. *Journal of Applied Pharmaceutical Science*，2015，5（6）：138-147.

[11] Chung HH，Chen MK，Chen MK，*et al*. Inhibitory effects of *Leucaena leucocephala* on the metastasis and invasion of human oral cancer cells [J]. *Environmental Toxicology*，2017，32（6）：1765-1774.

[12] Khozirah S，Khatib A，W Ahmad WN. Evaluation of the α-glucosidase inhibitory and free radical scavenging activities of selected traditional medicine plant species used in treating diabetes [J]. *International Food Research Journal*，2019，26（1）：75-85.

[13] Dzoyem J，Eloff J. Anti-inflammatory，anticholinesterase and antioxidant activity of leaf extracts of twelve plants used traditionally to alleviate pain and inflammation in South Africa [J]. *Journal of Ethnopharmacology*，2015，160：194-201.

[14] Soares AMdS，Alves de Araujo S，Lopes SG，*et al*. Anthelmintic activity of *Leucaena leucocephala* protein extracts on *Haemonchus contortus* [J]. *Revista Brasileira e Parasitologia Veterinaria*，2015，24（4）：396-401.

80 甜叶菊

图80-1　甜叶菊（*Stevia rebaudiana*）

【植物基源与形态】

甜叶菊［*Stevia rebaudiana*（Bertoni）Hemsl.］为菊科（Asteraceae）甜叶菊属植物，又名为甜叶、蜂蜜叶等，在热带和亚热带部分地区有广泛种植。甜叶菊为多年生草本植物，茎直立而基部半木质化。单叶对生，茎上部稀三叶轮生，叶片呈倒卵形至宽披针形，长5～10 cm，宽1.5～3.5 cm。头状花序，在枝端排成伞房状。小花管状，白色，先端5裂。瘦果，纺锤型，长2.5～3 mm，黑褐色[1]（图80-1）。

【化学成分】

甜叶菊中主要含有以甜菊苷（stevioside）、rebaudioside A、dulcoside A等为代表的贝壳杉烷型二萜类化合物[2]。此外，还含有黄酮类［芦丁（rutin）等］、酚酸类［咖啡酸（caffeic acid）及其衍生物等］等其他化学成分[3]（图80-2）。

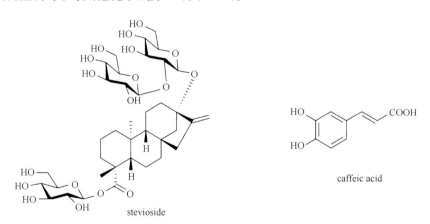

stevioside

caffeic acid

图80-2　甜叶菊中代表性化学成分的结构式

【药理作用】

甜叶菊有抗高尿酸血症[7]和抗氧化[3]作用。甜叶菊的水提取物对白化病大鼠有抗高脂血症作用^[8]，对单侧睾丸缺血/再灌注损伤大鼠有保护作用^[9]。

【应用】

　　甜叶菊中的甜菊醇糖苷可用作天然甜味剂，并已实现商业化^[3]。在民间，甜叶菊可用于治疗肥胖、糖尿病、高血压、抗炎等代谢综合征相关疾病^[4-6]还可作为口服避孕药^[1]。

参 考 文 献

[1] 国家中药管理局《中华本草》编委会. 中华本草，Vol Ⅶ [M]. 上海：上海科学技术出版社，1999，980.

[2] Goyal SK，Samsher，Goyal RK. Stevia（ *Stevia rebaudiana* ）a bio-sweetener：a review [J]. *International Journal of Food Sciences and Nutrition*，2010，61（1）：1-10.

[3] Myint KZ，Wu K，Xia Y，*et al.* Polyphenols from *Stevia rebaudiana*（ Bertoni ）leaves and their functional properties [J]. *Journal of Food Science*，2020，85（2）：240-248.

[4] Ray J，Kumar S，Laor D，*et al.* Effects of *Stevia Rebaudiana* on glucose homeostasis，blood pressure and inflammation：A critical review of past and current research evidence [J]. *International Journal of Clinical Research & Trials*，2020，5：142.

[5] Rojas E，Bermúdez V，Motlaghzadeh Y，*et al. Stevia rebaudiana* Bertoni and its effects in human disease：emphasizing its role in inflammation，atherosclerosis and metabolic syndrome [J]. *Current Nutrition Reports*，2018，7（3）：161-170.

[6] Hussein AM，Eid EA，Bin-Jaliah I，*et al.* Exercise and *Stevia rebaudiana*（ R ）extracts attenuate diabetic cardiomyopathy in type 2 Diabetic rats：possible underlying mechanisms [J]. *Endocrine*，*Metabolic & Immune Disorders-Drug Targets*，2020，20（7）：1117-1132.

[7] Mehmood A，Zhao L，Ishaq M，*et al.* Anti-hyperuricemic potential of stevia（ *Stevia rebaudiana* Bertoni ）residue extract in hyperuricemic mice [J]. *Food Function*，2020，11（7）：6387-6406.

[8] Ahmad U，Ahmad RS，Arshad MS，*et al.* Antihyperlipidemic efficacy of aqueous extract of *Stevia rebaudiana* Bertoni in albino rats [J]. *Lipids in Health and Disease*，2018，17（1）：175.

[9] Ganjiani V，Ahmadi N，Raayat Jahromi A. Protective effects of *Stevia rebaudiana* aqueous extract on experimental unilateral testicular ischaemia/reperfusion injury in rats [J]. *Andrologia*，2020，52（2）：e13469.

81 假 马 鞭

【植物基源与形态】

图81-1 假马鞭（*Stachytarpheta jamaicensis*）

假马鞭[*Stachytarpheta jamaicensis*（L.）Vahl]为马鞭草科（Verbenaceae）假马鞭属植物，别名蛇尾草、蓝草、大种马鞭草、玉龙鞭、铁马鞭等，原产于中南美洲，在我国的福建、广东、广西、云南等省区有分布。假马鞭是多年生粗壮草本或亚灌木，高0.6～2 m。叶椭圆形或卵状椭圆形，长2.4～8 cm。花序穗状顶生，长11～29 cm；花单生苞腋；花冠深蓝紫色，长0.7～1.2 cm，5裂，裂片平展。蒴果包于宿萼内。花期8月，果期9～12月[1]（图81-1）。

【化学成分】

假马鞭中主要含有环烯醚萜类（tarphetalin等）和三萜类[乌苏酸（ursolic acid）]等化合物，还含有胆碱（choline）、黄酮类、酚酸类、甾醇类等其他化学成分[2, 3]（图81-2）。

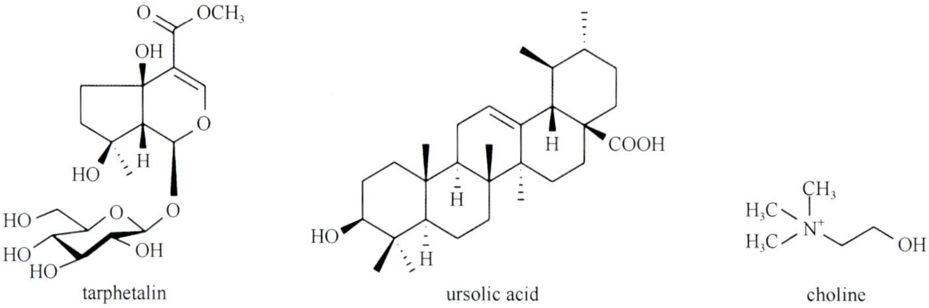

tarphetalin ursolic acid choline

图81-2 假马鞭中代表性化学成分的结构式

【药理作用】

假马鞭的乙醇提取物具有镇痛、抗炎[4]和抗菌作用[5]。假马鞭叶的提取物具有抗氧化作用，能抑制大鼠巨噬细胞呼吸爆发[6, 9]，另具有抗糖尿病[7, 9]、促进伤口愈合的作用[8]。此外，假马鞭中的多种活性成分还具有抗高血压、抗高血脂以及肝保护作用[3]。

【应用】

假马鞭全草可供药用，有清热解毒、利水通淋之功效，可用于治疗尿路结石、尿路感染、风湿筋骨痛、喉炎、急性结膜炎、痈疖肿痛等疾病，还可作兽药，用于治疗牛猪疮疖肿毒、喘咳下痢等症[1]。

参 考 文 献

[1] 中国科学院中国植物志编辑委员会. 中国植物志[M]. 北京：科学出版社，1982，65：20.

[2] Estella OU，Sangwan PL. Isolation and characterization of ursolic acid，apigenin and luteolin from leaves of *Starchytarpheta jamaicensis*（1）vahl（verbennaceae）from tropical forest of eastern Nigeria [J]. *World Journal of Pharmaceutical Research*，2020，9（9）：11-24.

[3] Liew PM，Yong YK. *Stachytarpheta jamaicensis*（L.）Vahl：From Traditional Usage to Pharmacological [J]. *Evidence-Based Complementary and Alternative Medicine*，2016，2016：7842340.

[4] Sulaiman MR，Zakaria ZA，Chiong HS，*et al.* Antinociceptive and anti-inflammatory effects of *Stachytarpheta jamaicensis*（L.）Vahl（Verbenaceae）in experimental animal models [J]. *Medical Principles and Practice*，2009，18（4）：272-279.

[5] Thangiah AS. Phytochemical screening and antimicrobial evaluation of ethanolic-aqua extract of *Stachytarpheta jamaicensis*（L.）vahl leaves against some selected human pathogenic bacteria [J]. *Rasayan Journal of Chemistry*，2019，12（1）：300-307.

[6] Alvarez E，Leiro JM，Rodríguez M，*et al.* Inhibitory effects of leaf extracts of *Stachytarpheta jamaicensis*（Verbenaceae）on the respiratory burst of rat macrophages [J]. *Phytotherapy Research*，2004，18（6）：457-462.

[7] Estella OU，Obodoike EC，Esua UE. Evaluation of the anti-diabetic and toxicological profile of the leaves of *Stachytarpheta jamaicensis*（L.）Vahl（Verbenaceae）on alloxan-induced diabetic rats [J]，*Journal of Pharmacognosy and Phytochemistry*，2020，9（3）：477-484.

[8] Pandian C，Srinivasan A，Pelapolu I C. Evaluation of wound healing activity of hydroalcoholic extract of leaves of *Stachytarpheta jamaicensis* in streptozotocin induced diabetic rats[J]. *Der Pharmacia Lettre*，2013，5（2）：193-200.

[9] Egharevba E，Chukwuemeke-Nwani P，Eboh U，*et al.* Evaluation of the antioxidant and hypoglycaemic potentials of the leaf Extracts of *Stachytarphyta jamaicensis*（Verbenaceae）[J]. *Tropical Journal of Natural Product Research*，2019，3（5）：170-174.

82 假烟叶树

【植物基源与形态】

假烟叶树（*Solanum erianthum* D.Don）为茄科（Solanaceae）茄属植物，原产于南美洲，现广泛分布于亚洲和大洋洲的热带地区。假烟叶树为常绿灌木，高1.5～2.5 m。叶卵形到近披针形，星状被绒毛，先端锐尖，基部钝圆形。花顶生，二歧聚伞花序，花冠白色，宽钟形，筒内浅绿色，裂片卵形。浆果革质，球状，疏生或密被微小星状毛，由绿色变为淡黄色，具棕色斑点。种子多，红棕色，透镜状[1, 2]（图82-1）。

图82-1 假烟叶树（*Solanum erianthum*）

【化学成分】

假烟叶树中主要含有倍半萜类[（−）-solavetivone、solanerianone A 等]、甾体生物碱类（solamargine、solasonine 等）、不饱和脂肪酸类（α-linolenic acid 等）和黄酮类（camelliaside C）化合物，还含有少量的挥发油类成分[3-6]（图82-2）。

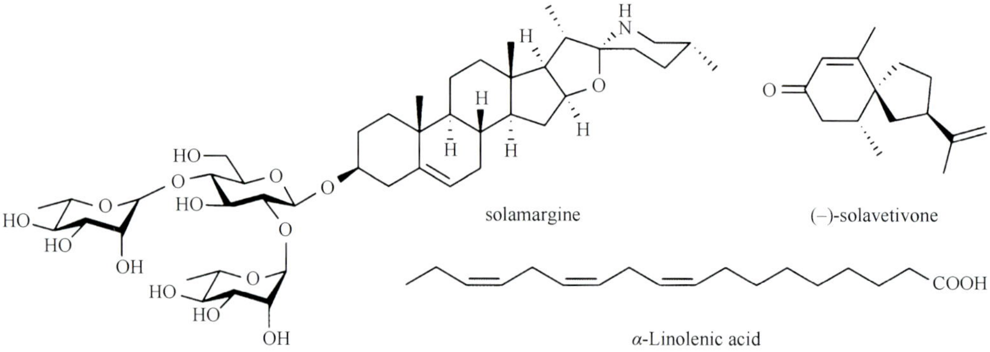

solamargine

(−)-solavetivone

α-Linolenic acid

图82-2 假烟叶树中代表性化学成分的结构式

【药理作用】

假烟叶树的挥发油具有抗癌活性，其对人乳腺癌细胞 Hs578T 和人前列腺癌细胞 PC-3 具有较强的抗增殖作用[3]。假烟叶树中含有的倍半萜类化合物（−）-solavetivone 具有一定的抗炎活性，可抑制LPS诱导的小鼠巨噬细胞RAW264.7释放NO[5]。假烟叶树中分离获得的solamargine、α-linolenic acid等化合物具有抗乙型肝炎病毒（HBV）活性，可抑制乙肝病毒DNA的复制[6]。

【应用】

假烟叶树的叶子可作为堕胎药和利尿剂，还可用于治疗疮、皮肤病等。假烟叶树中含有的甾体皂苷和甾体生物碱类成分在制药工业中常作为甾体原料，用于生产抗炎药皮质类固醇、避孕药类固醇以及合成代谢类固醇[1,2]。

参 考 文 献

[1] https：//www.cabi.org/isc/datasheet/120139#todescription

[2] 中国科学院中国植物志编委会. 中国植物志 [M]. 北京：科学出版社，1978，67：72.

[3] Essien EE，Ogunwande IA，Setzer WN，et al. Chemical composition，antimicrobial，and cytotoxicity studies on S. erianthum and S. macranthum essential oils [J]. Pharmaceutical Biology，2012，50（4）：474-480.

[4] Kouao TA，Kouame BA，Ouattara ZA，et al. Chemical characterisation of essential oils of leaves of two Solanaceae：Solanum rugosum and Solanum erianthum from Côte d'Ivoire [J]. Natural Product Research，2019，35（7）：1-4.

[5] Chen YC，Lee HZ，Chen HC，et al. Anti-inflammatory components from the root of Solanum erianthum [J]. International Journal of Molecular Sciences，2013，14（6）：12581-12592.

[6] Chou SC，Huang TJ，Lin EH，et al. Antihepatitis B virus constituents of Solanum erianthum [J]. Natural Product Communications，2012，7（2）：153-156.

【植物基源与形态】

绿九节（*Psychotria viridis* Ruiz & Pav.）为茜草科（Rubiaceae）九节属植物，主要分布于亚马孙河流域的热带雨林中。绿九节为常绿灌木，生长在平坦潮湿的林区，高可至5 m，树冠伸展可达2 m。叶椭圆形，通常中部以上最宽，基部和先端呈锐角；叶片平滑，无毛，呈纸质感。干燥时，其叶子通常呈灰色或红棕色[1]（图84-1）。

图84-1 绿九节（*Psychotria viridis*）

【化学成分】

绿九节中主要含有吲哚型生物碱类[*N*, *N*-二甲基色胺（DMT）、*N*-甲基色胺等]、五环三萜类[乌苏酸（ursolic acid）、齐墩果酸（oleanolic acid）等]及甾醇类（24-亚甲基环丙酮醇、豆甾醇、*β*-谷甾醇、3-*O*-*β*-D-葡萄糖基-*β*-谷甾醇、3-*O*-*β*-D-葡萄糖基豆甾醇等）化合物，还含有少量的长链脂肪酸等其他化学成分[2]（图84-2）。

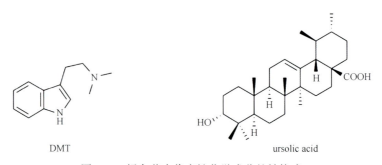

DMT   ursolic acid

图84-2 绿九节中代表性化学成分的结构式

【药理作用】

绿九节是一种产于亚马孙地区的常见致幻植物，其叶中含有致幻剂 *N*, *N*-二甲基色胺（DMT），可激活多种5-羟色胺受体。DMT的致幻作用与麦角二乙酰胺（LSD）类似，但所引起的拟交感神经效应更强，起效时间和持续时间更短[3, 4]。绿九节叶的提取物及其所含有的部分单体化合物具有胆碱酯酶抑制活性和抗肿瘤（B16F10和4T1）活性[2]。

【应用】

绿九节叶常与卡披木（*Banisteriopsis caapi*）的树皮配制成一种混合饮料，称为"死藤水"（ayahuasca），是亚马孙部落的传统神圣饮料，具有祛病提神、强身健体的功效。目前的一些研究表明，"死藤水"可用于治疗多种精神疾病和成瘾[5-8]。

参 考 文 献

[1] Blackledge RD，Taylor CM. *Psychotria viridis*-A botanical source of dimethyltryptamine（DMT）[J]. *Microgram Journal*，2003，1：18-22.

[2] Soares DBS，Duarte LP，Cavalcanti AD，*et al. Psychotria viridis*：Chemical constituents from leaves and biological properties [J]. *Anais da Academia Brasileira de Ciências*. 2017，89（2）：927-938.

[3] McKenna DJ，Towers GHN，Abbott F. Monoamine oxidase inhibitors in south American hallucinogenic plants：tryptamine and *β*-carboline constituents of Ayahuasca [J]. *Journal of Ethnopharmacology*，1984，10（2）：195-223.

[4] Kowalczuk AP，Lozak A，Bachliński R，*et al*. Identification challenges in examination of commercial plant material of *Psychotria viridis* [J]. *Acta Poloniae Pharmaceutica*，2015，72（4）：747-755.

[5] Hamill J，Hallak J，Dursun SM，*et al*. Ayahuasca：psychological and physiologic effects，pharmacology and potential uses in addiction and mental illness [J]. *Current Neuropharmacology*，2019，17（2）：108-128.

[6] McKenna DJ. Clinical investigations of the therapeutic potential of ayahuasca：rationale and regulatory challenges [J]. *Pharmacology & Therapeutics*，2004，102（2）：111-129.

[7] Savoldi R，Polari D，Pinheiro-da-Silva J，*et al*. Behavioral changes over time following ayahuasca exposure in zebrafish [J]. *Frontiers in Behavioral Neuroscience*，2017，11：139.

[8] Cata-Preta EG，Serra YA，Moreira-Junior EC，*et al*. Ayahuasca and its DMT-and *β*-carbolines-containing ingredients block the expression of ethanol-induced conditioned place preference in mice：role of the treatment environment [J]. *Frontiers in Pharmacology*，2018，9：561.

85 葫芦树

图85-1　葫芦树（*Crescentia cujete*）

【植物基源与形态】

葫芦树［*Crescentia cujete*（L.）］为紫葳科（Bignoniaceae）葫芦树属植物，原产于热带美洲，在我国的广东、福建、台湾等省区有栽培。葫芦树为乔木，高5～18 m，主干通直，枝条开展，分枝少。叶丛生，2～5枚，大小不等；阔倒披针形，长10～16 cm，宽4.5～6 cm。花单生于小枝上，下垂；花冠夜间开放，有恶臭气味，蝙蝠传粉。果卵圆球形，浆果，长18～20 cm，粗9～13 cm，无毛，黄色至黑色；果壳坚硬，可作盛水的葫芦瓢[1]（图85-1）。

【化学成分】

葫芦树中主要含有环烯醚萜类（crescentins Ⅰ～Ⅲ、crescentosides A～C等）和呋喃萘醌类［（2*R*）-5, 6-dimethoxydehydroiso-α-lapachone等］化合物，还含有烷基苷类、苯甲酰基苷类、木脂素类、黄酮类、生物碱类、皂苷类、蒽醌类、强心苷类等其他化学成分[2-5]（图85-2）。

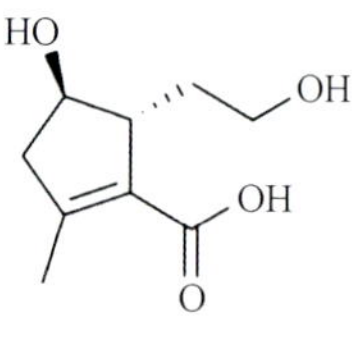

crescentin I

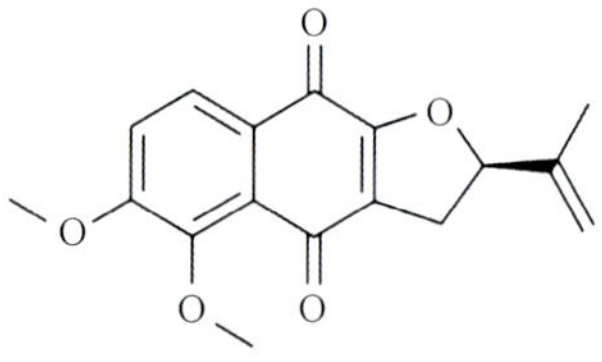

(2*R*)-5, 6-dimethoxydehydroiso-α-lapachone

图85-2　葫芦树中代表性化学成分的结构式

【药理作用】

葫芦树茎皮的二氯甲烷和乙酸乙酯提取物均可抑制金黄色葡萄球菌的生长，其水提取物可以抑制大肠埃希菌的生长[6]。葫芦树的果肉提取物有体外杀螨活性[7]，叶的提取物有降血糖活性[8]。葫芦树中所含有的呋喃萘醌类成分具有抗菌和细胞毒活性[4]。

【应用】

葫芦树的果肉可用于治疗哮喘、咳嗽等呼吸系统疾病，亦可治疗痢疾和胃痛。葫芦树叶可用于降血压，树皮煎煮液可用于清洗伤口，也可用于治疗肿瘤[9]。

参 考 文 献

[1] 中国科学院中国植物志编委会. 中国植物志 [M]. 北京：科学出版社，1990，69：57.

[2] Ejelonu BC，Lasisi AA，Olaremu AG，et al. The chemical constituents of calabash（Crescentia cujete）[J]. African Journal of Biotechnology，2011，10（84）：19631-19636.

[3] Kaneko T，Ohtani K，Kasai R，et al. Iridoids and iridoid glucosides from fruits of Crescentia cujete [J]. Phytochemistry，1997，46（5）：907-910.

[4] Hetzel CE，Gunatilaka AAL，Glass TE，et al. Bioactive furanonaphthoquinones from Crescentia cujete [J]. Journal of Natural Products，1993，56（9）：1500-1505.

[5] Kaneko T，Ohtani K，Kasai R，et al. n-Alkyl glycosides and p-hydroxybenzoyloxy glucose from fruits of Crescentia cujete [J]. Phytochemistry，1998，47（2）：259-263.

[6] Syaefudin，Nitami D，Utari MDM，et al. Antioxidant and antibacterial activities of several fractions from Crescentia cujete L. stem bark extract [J]. IOP Conference Series：Earth and Environmental Science，2018，197（1）：012004.

[7] Pereira SG，SA De Araújo，Guilhon GMSP，et al. In vitro acaricidal activity of Crescentia cujete L. fruit pulp against Rhipicephalus microplus [J]. Parasitology Research，2017，116：1487-1493.

[8] Mu'Nisa A，Syamsia，Rachmawaty，et al. The influence of some plant extracts that are potential in the anti-chiperglicemia [J]. Journal of Physics：Conference Series，2019，1244：012017.

[9] Olaniyi MB，Lawal IO，Olaniyi AA. Proximate，phytochemical screening and mineral analysis of Crescentia cujete L. leaves [J]. Journal of Medicinal Plants for Economic Development，2018，2（1）：1-7.

落 地 生 根

图86-1 落地生根（*Bryophyllum pinnatum*）

【植物基源与形态】

落 地 生 根 [*Bryophyllum pinnatum*（L. f.）Oken] 为景天科（Crassulaceae）落地生根属植物，原产于马达加斯加，广泛分布于热带地区[1]。落地生根为多年生草本，高40～150 cm；茎有分枝。羽状复叶，长10～30 cm，小叶长圆形至椭圆形，长6～8 cm，宽3～5 cm；小叶柄长2～4 cm。圆锥花序顶生，长10～40 cm；蓇葖包在花萼及花冠内。种子小，有条纹。花期1～3月[2]（图86-1）。

【化学成分】

落地生根中主要含有强心甾类（bryophyllins A～C等）[3]、黄酮类 [kapinnatoside、8-甲氧基-3, 7-二-*O*-吡喃鼠李糖苷槲皮素（8-methoxyquercetin-3, 7-di-*O*-rhamnopyranoside）等] 以及脂肪酸类 [十八烷酸（stearic acid）、十六烷酸（palmitic acid）等] 化合物，还含有生物碱类、皂苷类、鞣质类等其他化学成分[1]（图86-2）。

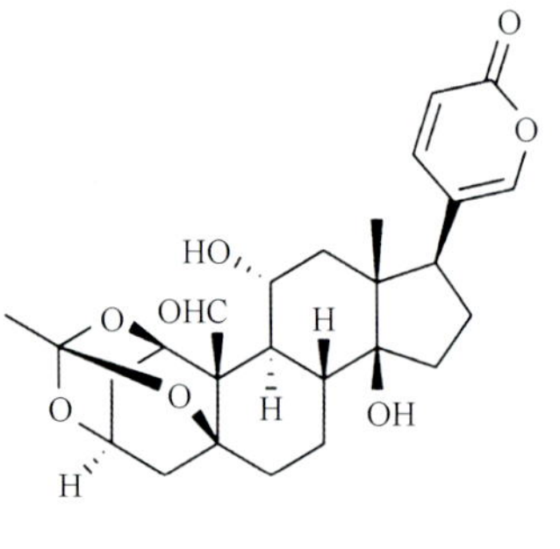

bryophyllin A

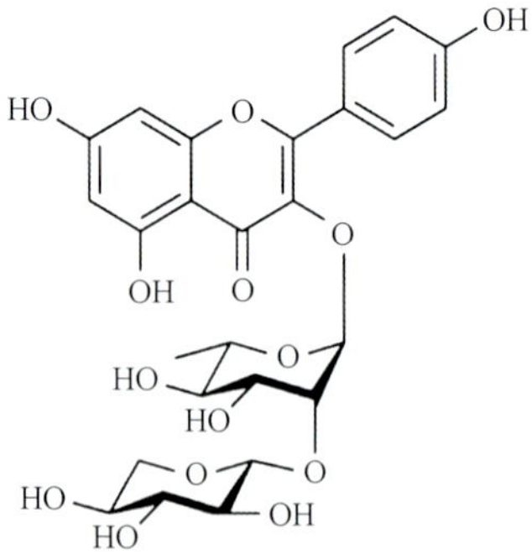

kapinnatoside

图86-2 落地生根中代表性化学成分的结构式

【药理作用】

落地生根的水提取物具有镇痛活性，其作用与非甾体类抗炎药相似[4]。其水提取物还具有抗过敏活性，可在体外防止抗原诱导的肥大细胞脱颗粒及组胺释放[5]。落地生根的乙醇提取物对革兰氏阳性菌和阴性菌均具有显著的抗菌活性[6]，并能降低肝酶、血清胆红素、血清胆固醇和血清总蛋白的水平，具有保肝活性[7]。其乙醇提取物还具有显著的抗氧化活性[8]。此外，落地生根叶的提取物还具有抑制宫颈癌细胞生长[9]、抗糖尿病[10]、抗高血压[11]等活性。

【应用】

落地生根常被用于治疗烧伤、类风湿关节炎、咳嗽、昆虫叮咬、精神障碍、腹部不适等。落地生根叶的提取物还可用于治疗黄疸、高血压、肾结石、糖尿病等[1]。

参 考 文 献

[1] Latif A，Ashiq K，Qayyum M，*et al*. Phytochemical and pharmacological profile of the medicinal herb：*Bryophyllum pinnatum* [J]. *Journal of Animal & Plant Sciences*，2019，29（6）：1528-1534.

[2] 中国科学院中国植物志编委会. 中国植物志 [M]. 北京：科学出版社，1984，34（1）：36.

[3] Fuerer K，Simoes-Wust AP，Mandach UV，*et al. Bryophyllum pinnatum* and related species used in anthroposophic medicine：constituents，pharmacological activities，and clinical efficacy [J]. *Planta Medica*，2016，82：930-941.

[4] Igwea SA，Akunyilib DN. Analgesic effects of aqueous extracts of the leaves of *Bryophyllum pinnatum* [J]. *Pharmaceutical Biology*，2005，43（8）：658-661.

[5] Cruz EA，Da-Silva S，Muzitano MF，*et al*. Immunomodulatory pretreatment with *Kalanchoe pinnata* extract and its quercitrin flavonoid effectively protects mice against fatal anaphylactic shock [J]. *International Immunopharmacology*，2008，8（12）：1616-1621.

[6] Biswas SK，Chowdhury A，Das J，*et al*. Assessment of cytotoxicity and antibacterial activities of ethanolic extracts of *Kalanchoe pinnata* Linn.（family：Crassulaceae）leaves and stems [J]. *International Journal of Pharmaceutical Sciences and Research*，2011，10（2）：2605-2609.

[7] Yadav NP，Dixit VK. Hepatoprotective activity of leaves of *Kalanchoe pinnata* Pers [J]. *Journal of Ethnopharmacology*，2003，86（2-3）：197-202.

[8] Gupta S，Banerjee R. Radical scavenging potential of phenolics from *Bryophyllum pinnatum*（Lam.）Oken [J]. *Preparative Biochemistry & Biotechnology*，2011，41（3）：305-319.

[9] Mahata S，Maru S，Shukla S，*et al*. Anticancer property of *Bryophyllum pinnata*（Lam.）Oken. leaf on human cervical cancer cells [J]. *BMC Complementary & Alternative Medicine*，2012，12（15）：1-11.

[10] Ojewole JAO. Antinociceptive，anti-inflammatory and antidiabetic effects of *Bryophyllum pinnatum*（Crassulaceae）leaf aqueous extract [J]. *Journal of Ethnopharmacology*，2005，99（1）：13-19.

[11] Bopda OSM，Longo F，Bella TN，*et al*. Antihypertensive activities of the aqueous extract of *Kalanchoe pinnata*（Crassulaceae）in high salt-loaded rats [J]. *Journal of Ethnopharmacology*，2014，153（2）：400-407.

87 黑 柿

图 87-1　黑柿（*Diospyros digyna*）

【植物基源与形态】

黑柿（*Diospyros digyna* Jacq.）为柿科（Ebenaceae）柿属植物，原产于墨西哥，在美洲地区有广泛栽培。黑柿为乔木，高达25 m，小枝灰色或黑棕色。叶薄革质或纸质，披针形或披针状椭圆形；上面深绿色，下面绿色；叶柄细瘦，有短柔毛。雄花簇生，花梗纤细而短；花萼裂片近卵形；花冠壶形；子房无毛；花梗长2～3 mm。果球形，鲜时绿色，干时黑色，成熟时果肉黑色[1, 2]（图87-1）。

【化学成分】

黑柿中主要含有杨梅素（myricetin）、儿茶素（catechin）、芥子酸（sinapic acid）、阿魏酸（ferulic acid）等酚类化合物，还含有萜类成分[2, 3]（图87-2）。

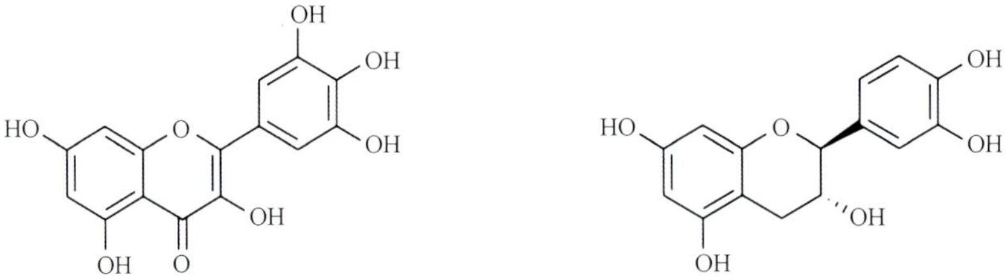

myricetin

catechin

图 87-2　黑柿中代表性化学成分的结构式

【药理作用】

黑柿的果实具有抗氧化活性，可有效清除DPPH自由基[3]。

【应用】

黑柿的果实可食用，也可制成果汁、冰淇淋等，药用可用于治疗皮疹和麻风病[2]。

参 考 文 献

[1] http：//tropical.theferns.info/viewtropical.php?id=Diospyros+digyna

[2] Yahia EM，Gutierrez-Orozco F. *Postharvest Biology and Technology of Tropical and Subtropical Fruits. Black sapote*（*Diospyros digyna* Jacq.）[M]. ScienceDirect：Woodhead Publishing，2011，244-250.

[3] Yahia EM，Gutierrez-Orozco F，Arvizu-de Leon C. Phytochemical and antioxidant characterization of the fruit of black sapote（*Diospyros digyna* Jacq.）[J]. *Food Research International*，2011，44（7）：2210-2216.

88 番 木 瓜

【植物基源与形态】

图 88-1 番木瓜（*Carica papaya*）

番木瓜［*Carica papaya*（L.）］是番木瓜科（Caricaceae）番木瓜属植物，原产热带美洲，现广泛种植于世界的热带、亚热带地区，在我国南部省区也有广泛栽培。番木瓜为常绿软木质小乔木，高3～10 m，树干直径10～30 cm。叶大，聚生于茎顶端，通常5～9深裂，每裂片再为羽状分裂。花单性或两性。浆果肉质，长圆球形，成熟时橙黄色或黄色。种子多数，卵球形，成熟时黑色[1, 2]（图88-1）。

【化学成分】

番木瓜的果实中含有丰富的酚酸类、黄酮类、生物碱类（carpaine等）化合物以及维生素、酶等[3-5]，其种子中则含有甘草素（liquiritigenin）、异硫氰酸苄酯（benzyl isothiocyanate）等化合物[6, 7]（图88-2）。

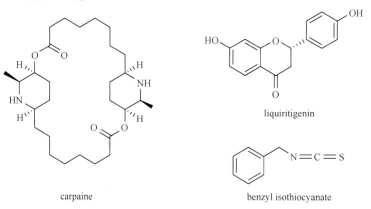

carpaine

liquiritigenin

benzyl isothiocyanate

图 88-2 番木瓜中代表性化学成分的结构式

【药理作用】

番木瓜叶的水提取物可改善链脲佐菌素诱导的糖尿病大鼠的肝脏损伤[8]，促进小鼠的血小板和红细胞生成[9]，并具有抑制溶血[10]、抑制人乳腺癌MCF-7细胞的增殖并诱导其凋亡[11]、抗氧化活性[12]等。番木瓜果肉的80%乙醇提取物对小鼠具有抗焦虑作用[13]。番木瓜种子的提取物能够促进大鼠伤口的愈合[14]，并具有抗溃疡[15]、抗念珠菌[7]等作用。从番木瓜种子中分离得到的黄酮类化合物liquiritigenin对胰脂肪酶具有抑制作用[6]。

【应用】

番木瓜是一种常见的热带水果，可作为蔬菜、水果食用，也可以制作成馅饼、果酱、冰淇淋、果冻等。在药用方面，可用于治疗糖尿病、高血压、消化系统疾病，还可用于止泻、驱虫[4,5]。

参 考 文 献

[1] http：//tropical.theferns.info/viewtropical.php?id=Carica+papaya

[2] 中国科学院中国植物志编委会. 中国植物志 [M]. 北京：科学出版社，1999，52：122.

[3] Santana LF，Inada AC，do Espirito Santo BLS，*et al*. Nutraceutical potential of *Carica papaya* in metabolic syndrome [J]. *Nutrients*，2019，11（7）：1608.

[4] Abdel-Lateef EE，Rabia IA，El-Sayed MM，*et al*. HPLC-ESI-MS characterization of certain polyphenolic compounds of *Carica papaya* L. fruit extracts and evaluation of their potential against murine *Schistosomiasis mansoni* [J]. *Drug Research*，2018，68（9）：521-528.

[5] Barroso PT，de Carvalho PP，Rocha TB，*et al*. Evaluation of the composition of *Carica papaya* L. seed oil extracted with supercritical CO_2 [J]. *Biotechnology Reports*，2016，11：110-116.

[6] Muntholib，Sulistyaningrum D，Subandi，*et al*. Identification of flavonoid isolates of papaya（*Carica papaya* L.）seed and their activity as pancreatic lipase inhibitors [C]. *Proceedings of the 3Rd International Seminar on Materials Exploring New Innovation in Metallurgy and Materials* 2020. Malang，Indonesia.

[7] He X，Ma Y，Yi G，*et al*. Chemical composition and antifungal activity of *Carica papaya* Linn. seed essential oil against *Candida* spp. [J]. *Letters in Applied Microbiology*，2017，64（5）：350-354.

[8] Miranda-Osorio PH，Castell-Rodriguez AE，Vargas-Mancilla J，*et al*. Protective action of *Carica papaya* on beta-cells in streptozotocin-induced diabetic rats [J]. *International Journal of Environmental Research and Public Health*，2016，13（5）：446-455.

[9] Dharmarathna SLCA，Wickramasinghe S，Waduge RN，*et al*. Does *Carica papaya* leaf-extract increase the platelet count? An experimental study in a murine model [J]. *Asian Pacific Journal of Tropical Biomedicine*，2013，3（9）：720-724.

[10] Ranasinghe P，Ranasinghe P，Abeysekera WP，*et al*. *In vitro* erythrocyte membrane stabilization properties of *Carica papaya* L. leaf extracts [J]. *Pharmacognosy Research*，2012，4（4）：196-202.

[11] Zuhrotun Nisa F，Astuti M，Murdiati A，*et al*. Anti-proliferation and apoptosis induction of aqueous leaf extract of *Carica papaya* L. on human breast cancer cells MCF-7 [J]. *Pakistan Journal of Biological Sciences*，2017，20（1）：36-41.

[12] Jagtap NS，Wagh RV，Chatli MK，*et al*. Optimisation of extraction protocol for *Carica papaya* L. to obtain phenolic rich phyto-extract with prospective application in chevon emulsion system [J]. *Journal of Food Science and Technology*，2019，56（1）：71-82.

[13] Kebebew Z，Shibeshi W. Evaluation of anxiolytic and sedative effects of 80% ethanolic *Carica papaya* L.（Caricaceae）pulp extract in mice [J]. *Journal of Ethnopharmacology*，2013，150（2）：665-671.

[14] Nayak BS，Ramdeen R，Adogwa A，*et al*. Wound-healing potential of an ethanol extract of *Carica papaya*（Caricaceae）seeds [J]. *International Wound Journal*，2012，9（6）：650-655.

[15] Pinto LA，Cordeiro KW，Carrasco V，*et al*. Antiulcerogenic activity of *Carica papaya* seed in rats [J]. *Naunyn-Schmiedeberg's Archives of Pharmacology*，2015，388（3）：305-317.

89 番 石 榴

【植物基源与形态】

番石榴（*Psidium guajava* L.）是桃金娘科（Myrtaceae）番石榴属植物，别名芭乐、鸡屎果等，原产于南美洲，现广泛分布于全球的热带及亚热带地区，在我国华南各地均有栽培。番石榴为常绿乔木，高可达10 m。树皮平滑，绿色到红棕色，片状剥落。叶对生，长圆形至椭圆形，上面无毛，下面具细短柔毛。花单生或2～3朵腋生聚伞花序，花瓣4～5片，白色。浆果球形或卵圆形或梨形，果肉白色或红色。种子多数，淡黄色[1,2]（图89-1）。

图89-1　番石榴（*Psidium guajava*）

【化学成分】

番石榴中主要含有杂萜类（psiguadial A、guadial A等）和三萜类（guajanoic acid、guavacoumaric acid、oleanolic acid等）化合物，还含有黄酮类（morin-3-*O*-α-L-lyxopyranoside等）、酚类、鞣质、倍半萜类、挥发油等其他化学成分[3-9]（图89-2）。

【药理作用】

番石榴叶具有显著的降血糖作用，其水提取物可降低四氧嘧啶诱导的糖尿病大鼠的血糖水平[10]，其甲醇提取物亦可通过抑制蛋白质酪氨酸磷酸酶1B（PTP1B）对2型糖尿病小鼠发挥降血糖作用[11]。番石榴叶的水提物还具有止泻作用，对蓖麻油引起的家兔和小鼠腹泻具有保护作用，可抑制小肠推进并延迟胃排空[12]。其水提物还具有抗肿瘤作用，可抑制人

psiguadial A

guadial A

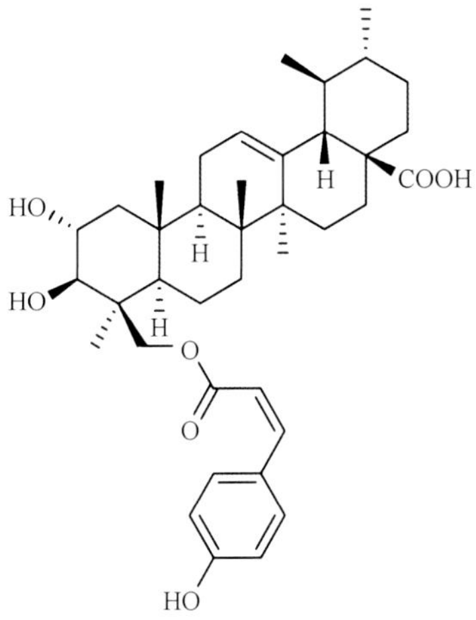

guavacoumaric acid 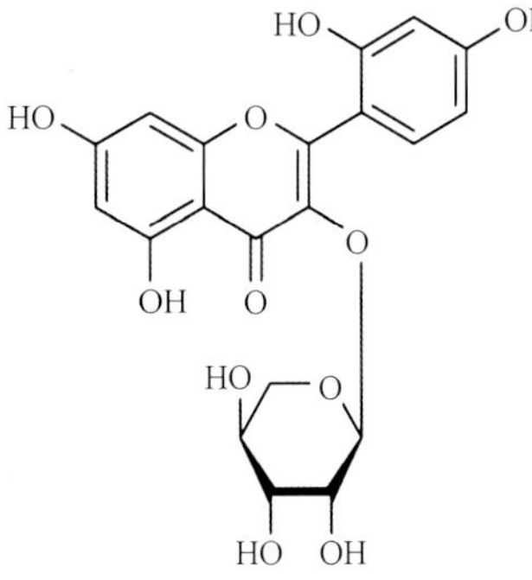　　　　　　　　morin-3-*O*-α-L-lyxopyranoside

图89-2　番石榴中代表性化学成分的结构式

前列腺癌细胞LNCaP的增殖，下调雄激素受体（AR）和前列腺特异性抗原（PSA）的表达，并降低模型小鼠血清PSA的水平和肿瘤体积[13]。番石榴叶的水提取物及乙醇提取物均具有较强的抗氧化作用，可清除羟自由基，并抑制脂质过氧化[14]。此外，番石榴还具有抗菌、抗疟原虫、保肝、抗过敏、抗痉挛、镇咳、抗炎、镇痛等多种药理作用[8]。从番石榴叶中分离得到的黄酮类化合物桑黄素3-*O*-α-L-来苏糖苷（morin-3-*O*-α-L-lyxopyranoside）和桑黄素3-*O*-α-L-阿拉伯糖苷（morin-3-*O*-α-L-arabopyranoside）对肠炎沙门杆菌（*Salmonella enteritidis*）和蜡样芽孢杆菌（*Bacillus cereus*）具有良好的抑菌活性[9]。

【应用】

番石榴的果实为热带著名水果，在亚马孙流域，其还被用于治疗腹泻、痢疾和肠道寄生虫[15]。

参 考 文 献

[1] https：//www.cabi.org/isc/datasheet/45141

[2] 中国科学院中国植物志编委会. 中国植物志［M］. 北京：科学出版社，1984，53：123.

[3] 邵萌，范春林，王英，等，番石榴叶的化学成分及药理活性研究进展［J］. 天然产物研究与开发，2009，21（3）：525-528+534.

[4] Shao M，Wang Y，Liu Z，*et al*. Psiguadials A and B，two novel meroterpenoids with unusual skeletons from the leaves of *Psidium guajava*［J］. *Organic Letters*，2010，12（21）：5040-5043.

[5] Shao M，Wang Y，Jian YQ，*et al*. Guadial A and psiguadials C and D，three unusual meroterpenoids from *Psidium guajava*［J］. *Organic Letters*，2012，14（20）：5262-5265.

[6] Jian YQ，Huang XJ，Zhang DM，*et al*. Guapsidial A and guadials B and C：three new meroterpenoids with unusual skeletons from the leaves of *Psidium guajava*［J］. *Chemistry-A European Journal*，2015，21（25）：9022-9027.

[7] Joseph B，Priya M. Review on nutritional，medicinal and pharmacological properties of guava（*Psidium guajava* Linn.）［J］. *International Journal of Pharma and Bio Sciences*，2011，2（1）：53-69.

[8] Gutiérrez RMP，Mitchell S，Solis RV. *Psidium guajava*：A review of its traditional uses，phytochemistry and pharmacology [J]. *Journal of Ethnopharmacology*，2008，117（1）：1-27.

[9] Arima H，Danno G. Isolation of antimicrobial compounds from guava（*Psidium guajava* L.）and their structural elucidation [J]. *Bioscience，Biotechnology，and Biochemistry*，2002，66（8）：1727-1730.

[10] Mukhtar HM，Ansari SH，Ali M，*et al*. Effect of water extract of *Psidium guajava* leaves on alloxan-induced diabetic rats [J]. *Die Pharmazie-An International Journal of Pharmaceutical Sciences*，2004，59（9）：734-735.

[11] Oh WK，Lee CH，Lee MS，*et al*. Antidiabetic effects of extracts from *Psidium guajava* [J]. *Journal of Ethnopharmacology*，2005，96（3）：411-415.

[12] Ojewole JAO，Awe EO，Chiwororo WDH. Antidiarrhoeal activity of *Psidium guajava* Linn.（Myrtaceae）leaf aqueous extract in rodents [J]. *Journal of Smooth Muscle Research*，2008，44（6）：195-207.

[13] Chen KC，Peng CC，Chiu WT，*et al*. Action mechanism and signal pathways of *Psidium guajava* L. aqueous extract in killing prostate cancer LNCaP cells [J]. *Nutrition and Cancer*，2010，62（2）：260-270.

[14] Wang B，Jiao S，Liu H，*et al*. Study on antioxidative activities of *Psidium guajava* Linn leaves extracts [J]. *Wei Sheng Yan Jiu*，2007，36（3）：298-300.

[15] Mejía K，Rengifo E. *Plantas medicinales de uso popular en la Amazonía Peruana* [M]. Agencia Española de Cooperación Internacional，Iquitos（Perú）. 2000，93-94.

90 番 荔 枝

【植物基源与形态】

番荔枝（*Annona squamosa* L.）是番荔枝科（Annonaceae）番荔枝属植物，原产于美洲的热带地区，现在全球热带地区均有栽培，在我国的浙江、台湾、福建、广东、广西、云南等省区也有栽培。番荔枝为落叶小乔木，高3～6 m。叶薄纸质，互生，卵形或椭圆形，长6～17.5 cm，宽2～7.5 cm。花单生或2～4朵聚生于枝顶或与叶对生，青黄色，下垂。果实由多数圆形或椭圆形的成熟心皮微相连易于分开而成的聚合浆果，不规则心形，直径5～20 cm，成熟的果实浅黄绿色或紫色[1, 2]（图90-1）。

图90-1　番荔枝（*Annona squamosa*）

【化学成分】

番荔枝中含有生物碱类（anonaine等）、番荔枝内酯类（bullatacin等）、二萜类（*ent*-kauran-16-en-19-oic acid等）、黄酮类、多酚类等多种化学成分[3-7]（图90-2）。

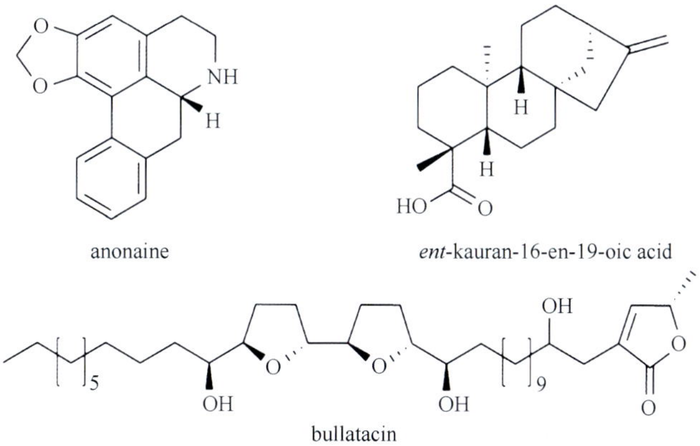

anonaine

ent-kauran-16-en-19-oic acid

bullatacin

图90-2　番荔枝中代表性化学成分的结构式

【药理作用】

番荔枝具有抗氧化活性，可清除DPPH、ABTS等自由基[7, 8]。番荔枝叶的提取物具有多种药理活性，包括：抗菌活性，其对金黄色葡萄球菌、肺炎克雷伯菌和粪肠球菌具有显著的抗菌活性，可破坏其生物膜[3]；抗黑色素活性，其机制是通过抑制黑色素细胞诱导转录因子（MITF）和激活p38[5]；降血糖活性，可降低链脲佐菌素（STZ）诱导的糖尿病大鼠和四氧嘧啶诱导的糖尿病家兔的血糖水平[9]，还能促进正常和糖尿病大鼠的伤口愈合[10, 11]。番荔枝树皮的石油醚提取物具有显著的中枢和外周镇痛作用及抗炎活性[12]。番荔枝种子的提取物对甲状腺功能亢进的模型小鼠具有改善作用[13]。番荔枝果皮中含有的二萜类成分及种子中含有的番荔枝内酯类化合物均具有良好的体外抗肿瘤活性[5, 6]。

【应用】

番荔枝的果实可食用，其叶、树皮、根、种子和果实亦具有多种药用价值。其中，番荔枝的果实和种子可用于治疗腹泻、痢疾；叶可用于治疗溃疡、消化不良以及防晕厥等；根可用作强效泻药[1]。在印度传统医学中，番荔枝被广泛用于治疗痢疾、心脏病、晕厥、蛔虫感染、便秘、出血、排尿困难、发热等[7]。

参 考 文 献

[1] https：//www.cabi.org/isc/datasheet/5820

[2] 中国科学院中国植物志编委会. 中国植物志 [M]. 北京：科学出版社，1979，30：171.

[3] Pinto NCC，Silva JB，Menegati LM，*et al*. Cytotoxicity and bacterial membrane destabilization induced by *Annona squamosa* L. extracts [J]. *Anais da Academia Brasileira de Ciencias*，2017，89：2053-2073.

[4] Chen Y，Xu SS，Chen JW，*et al*. Anti-tumor activity of *Annona squamosa* seeds extract containing annonaceous acetogenin compounds [J]. *Journal of Ethnopharmacology*，2012，142（2）：462-466.

[5] Ko GA，Kang HR，Moon JY，*et al*. *Annona squamosa* L. leaves inhibit alpha-melanocyte-stimulating hormone（α-MSH）stimulated melanogenesis via p38 signaling pathway in B16F10 melanoma cells [J]. *Journal of Cosmetic Dermatology*，2020，19（7）：1785-1792.

[6] Chen YY，Cao YZ，Li FQ，*et al*. Studies on anti-hepatoma activity of *Annona squamosa* L. pericarp extract [J]. *Bioorganic & Medicinal Chemistry Letters*，2017，27（9）：1907-1910.

[7] Nguyen MT，Nguyen VT，Le VM，*et al*. Assessment of preliminary phytochemical screening，polyphenol content，flavonoid content，and antioxidant activity of custard apple leaves（*Annona squamosa* Linn.）[C]. *IOP Conference Series：Materials Science and Engineering*，2020，736：62012.

[8] Nandhakumar E，Indumathi P. *In vitro* antioxidant activities of methanol and aqueous extract of *Annona squamosa*（L.）fruit pulp [J]. *Journal of Acupuncture and Meridian Studies*，2013，6（3）：142-148.

[9] Gupta RK，Kesari AN，Murthy PS，*et al*. Hypoglycemic and antidiabetic effect of ethanolic extract of leaves of *Annona squamosa* L. in experimental animals [J]. *Journal of Ethnopharmacology*，2005，99（1）：75-81.

[10] Ponrasu T，Suguna L. Efficacy of *Annona squamosa* on wound healing in streptozotocin-induced diabetic rats [J]. *International Wound Journal*，2012，9（6）：613-623.

[11] Ponrasu T，Suguna L. Efficacy of *Annona squamosa* L in the synthesis of glycosaminoglycans and collagen during wound repair in streptozotocin induced diabetic rats [J]. *BioMed Research International*，2014，2014：124352.

[12] Chavan MJ，Wakte PS，Shinde DB. Analgesic and anti-inflammatory activity of caryophyllene oxide from *Annona squamosa* L. bark [J]. *Phytomedicine*，2010，17（2）：149-151.

[13] Panda S，Kar A. *Annona squamosa* seed extract in the regulation of hyperthyroidism and lipid-peroxidation in mice：possible involvement of quercetin [J]. *Phytomedicine*，2007，14（12）：799-805.

91 番薯

【植物基源与形态】

番薯[*Ipomoea batatas*（L.）Lam.]为旋花科（Convolvulaceae）番薯属植物，又名甘薯，原产于南美洲。番薯为一年生草本，块根圆形、椭圆形或纺锤形。茎平卧或上升，多分枝，圆柱形，绿或紫色，被疏柔毛或无毛。叶宽卵形，裂片宽卵形、三角状卵形或线状披针形，叶片基部心形，顶端渐尖。聚伞花序腋生，苞片小，披针形，萼片长圆形或椭圆形；花冠粉红色、白色或紫色，钟状或漏斗状；花丝基部被毛。蒴果卵形或扁圆形，有假隔膜分为4室[1]（图91-1）。

图91-1　番薯（*Ipomoea batatas*）

【化学成分】

番薯中主要含有酚酸及其衍生物类[奎宁酸（quinic acid）、阿魏酸（ferulic acid）、花青素（anthocyanin）、3-*O*-*p*-coumaroyl quinic acid等]、黄酮及其苷类[槲皮素（quercetin）、金圣草黄素（chrysoeriol）、quercetin-3-*O*-galactoside等]、脂肪酸类（hexadecanoic acid、octadeca-9, 12-dienoic acid等）及甾醇类（β-sitosterol、campesterol等）化合物，还含有胡萝卜素以及维生素B_2、C、E等其他化学成分[2-4]（图91-2）。

3-*O*-*p*-coumaroyl quinic acid

quercetin-3-*O*-galactoside

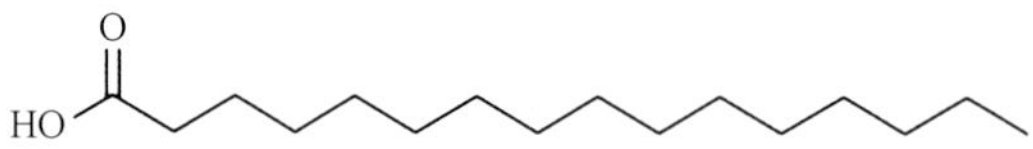

hexadecanoic acid 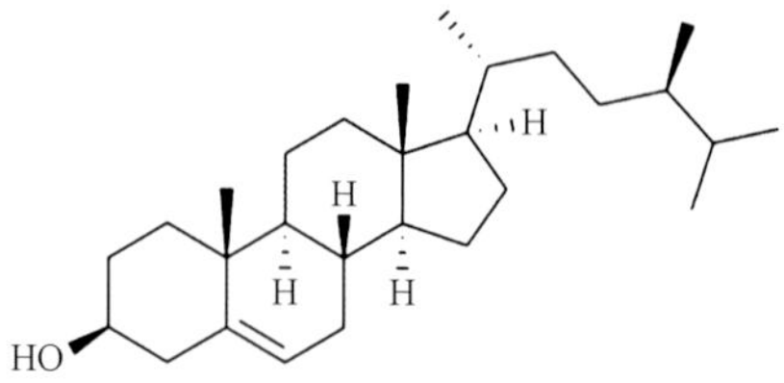   campesterol

图91-2　番薯中代表性化学成分的结构式

【药理作用】

番薯中含有的花青素类成分在与苯甲酸钠和山梨酸钾合用时，具一定的抗真菌活性[5]。番薯中含有的黄酮类成分可显著降低2型糖尿病大鼠的胰岛素、血糖、低密度脂蛋白、胆固醇及丙二醛水平，并显著提高胰岛素敏感性指数和超氧化物歧化酶水平，可调节血糖和血脂代谢，降低脂质过氧化产物，清除自由基[6]。番薯可通过抑制NO的释放和炎症相关因子如NF-κB、TNF-α和IL-6的产生而发挥抗炎活性。番薯中的花青素类成分还具有抗肿瘤活性，可抑制乳腺癌、胃癌、结肠腺癌等肿瘤细胞的生长[7]。

【应用】

番薯的块根可供食用，亦可用于生产淀粉和酒精[1]。番薯叶可用于治疗麻疹[8]。

参 考 文 献

[1] 中国科学院中国植物志编辑委员会. 中国植物志 [M]. 北京：科学出版社，1979，64：88-90.

[2] Cordeiro N，Freitas N，Faria M，*et al. Ipomoea batatas*（L.）Lam.: a rich source of lipophilic phytochemicals [J]. *Journal of Agricultural and Food Chemistry*，2013，61（50）：12380-12384.

[3] Wang A，Li R，Ren L，*et al.* A comparative metabolomics study of flavonoids in sweet potato with different flesh colors（*Ipomoea batatas*（L.）Lam）[J]. *Food Chemistry*，2018，260：124-134.

[4] Ishida H，Suzuno H，Sugiyama N，*et al.* Nutritive evaluation on chemical components of leaves，stalks and stems of sweet potatoes（*Ipomoea batatas* poir）[J]. *Food Chemistry*，2000，68（3）：359-367.

[5] Wen H，Kang J，Li D，*et al.* Antifungal activities of anthocyanins from purple sweet potato in the presence of food preservatives [J]. *Food Science and Biotechnology*，2016，25（1）：165-171.

[6] Zhao R，Li Q，Long L，*et al.* Antidiabetic activity of flavone from *Ipomoea batatas* leaf in non-insulin dependent diabetic rats [J]. *International Journal of Food Science and Technology*，2007，42（1）：80-85.

[7] Sugata M，Lin C Y，Shih Y C. Anti-inflammatory and anticancer activities of taiwanese purple-fleshed sweet potatoes（*Ipomoea batatas* L. Lam）extracts [J]. *Biomed Research International*，2015：768093.

[8] DeFilipps RA，Maina SL，and Crepin J. Medicinal Plants of the Guianas [M]. *Washington DC*：*Smithsonian Institution*，1994，384.

92 普约狗牙花

【植物基源与形态】

普约狗牙花（*Tabernaemontana sananho Ruiz & Pav.*）是夹竹桃科（Apocynaceae）山辣椒属植物，又名*Bonafousia sananho*，主要分布于南美洲的北部。普约狗牙花为灌木，叶对生，具叶柄或无柄。聚伞花序腋生，通常双生，近小枝端部集成假二歧状。花蕾端部长圆状急尖；花萼基部内面有腺体，萼片长圆形，边缘有缘毛；花冠白色，重瓣，边缘有皱褶。果实近球形，种子椭圆形[1]（图92-1）。

图92-1　普约狗牙花（*Tabernaemontana sananho*）

【化学成分】

普约狗牙花中主要含有以coronaridine、heyneanine、voacangine等为代表的单萜吲哚生物碱类化合物[1, 2]（图92-2）。

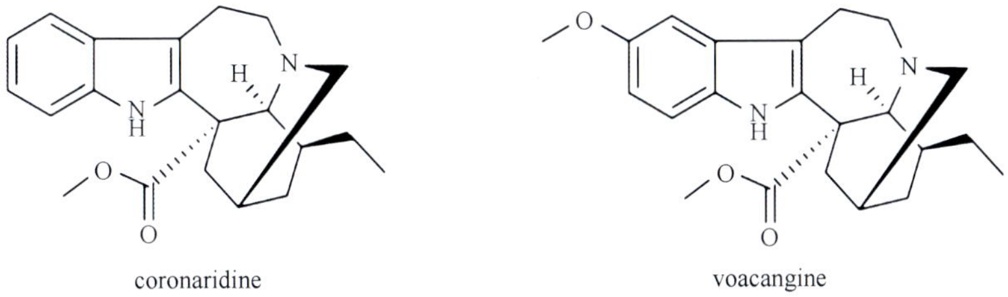

coronaridine

voacangine

图92-2　普约狗牙花中代表性化学成分的结构式

【药理作用】

普约狗牙花具有抗利什曼原虫活性[1]。普约狗牙花中含有的生物碱类化合物具有一定的抗炎、镇痛作用[2]。

【应用】

普约狗牙花的叶被伊比利亚美洲人用于治疗风湿性疼痛[2]。普约狗牙花还可用于治疗牙痛、咽痛、感冒等[3]。

【药理作用】

蒜香草中含有的有机硫化合物、精油以及其叶和根的提取物对多种细菌（黄体小球菌、链球菌、金黄色葡萄球菌等）及真菌（白色念珠菌、克柔念珠菌等）均有不同程度的抑菌活性[2, 5, 6]，还具有抗炎活性[7-9]。蒜香草的提取物可通过使NF-κB失活来抑制LPS诱导的RAW264.7细胞产生炎性介质，发挥抗炎活性[10]，并具有抗肿瘤[11-13]、抗病毒[14]、抗焦虑、抗抑郁、镇痛[10, 15]、促进伤口愈合[16]、收缩子宫等作用[17]。蒜香草中硫代亚磺酸盐衍生物类成分具有抗氧化活性[18]。

【应用】

蒜香草在民间应用广泛，其根和叶可用于治疗风湿、癌症、流感、鼻窦炎、头痛等，还具有抗菌、杀虫等功效[4, 6]。

参 考 文 献

[1] 童庆宣，池敏杰. 蒜味草（商陆科）——中国一新归化植物[J]. 热带亚热带植物学报，2013（5）：423-425.

[2] Kim S，Kubec R，Musah RA. Antibacterial and antifungal activity of sulfur-containing compounds from *Petiveria alliacea* L.[J]. *Phosphorus & Sulfur & the Related Elements*，2006，104（1-2）：188-192.

[3] DelleMonache F，Menichini F，Suarez LEC. *Petiveria alliacea*. II. Further flavonoids and triterpenes[J]. *Gazzetta Chimica Italiana*，1996，126（5）：275-278.

[4] Ayedoun MA，Moudachirou M，Sossou PV，*et al*. Volatile constituents of the root oil of *Petiveria alliacea* L. from Benin[J]. *Journal of Essential Oil Research*，1998，10（6）：645-646.

[5] Guedes RCM，Nogueira NGP，Fuscoalmeida AM，*et al*. Antimicrobial activity of crude extracts of *Petiveria alliacea* L.[J]. *Latin American Journal of Pharmacy*，2009，28（4）：520-524.

[6] Kerdudo A，Gonnot V，Njoh Ellong E，*et al*. Essential oil composition and biological activities of *Petiveria alliacea* L. from Martinique[J]. *Journal of Essential Oil Research*，2015，27（3）：186-196.

[7] Oluwa AA，Avoseh ON，Omikorede O，*et al*. Study on the chemical constituents and anti-inflammatory activity of essential oil of *Petiveria alliacea* L.[J]. *British Journal of Pharmaceutical Research*，2017，15（1）：1-8.

[8] Williams LAD，Barton EN，Kraus W，*et al*. Implications of dibenzyl trisulphide for disease treatment based on its mode of action[J]. *West Indian Medical Journal*，2009，58（5）：407-409.

[9] Lopes-Martins RAB，Pegoraro DH，Woisky R，*et al*. The anti-inflammatory and analgesic effects of a crude extract of *Petiveria alliacea* L.（Phytolaccaceae）[J]. *Phytomedicine*，2002，9（3）：245-248.

[10] Gutierrez RMP，Hoyo-Vadillo C. Anti-inflammatory potential of *Petiveria alliacea* on activated RAW264.7 murine macrophages[J]. *Pharmacognosy Magazine*，2017，13（Suppl 2）：S174-S178.

[11] Uruena C，Cifuentes C，Castaneda D，*et al*. *Petiveria alliacea* extracts uses multiple mechanisms to inhibit growth of human and mouse tumoral cells[J]. *BMC Complementary and Alternative Medicine*，2008，8：60.

[12] Hernandez JF，Uruena CP，Cifuentes MC，*et al*. A *Petiveria alliacea* standardized fraction induces breast adenocarcinoma cell death by modulating glycolytic metabolism[J]. *Journal of Ethnopharmacology*，2014，153（3）：641-649.

[13] Hernandez JF，Uruena CP，Sandoval TA，*et al*. A cytotoxic *Petiveria alliacea* dry extract induces ATP depletion and decreases beta-F1-ATPase expression in breast cancer cells and promotes survival in tumor-bearing mice[J]. *Revista Brasileira de Farmacognosia-Brazilian Journal of Pharmacognosy*，2017，27（3）：306-314.

［14］Ruffa MJ，Perusina M，Alfonso V，*et al.* Antiviral activity of *Petiveria alliacea* against the bovine viral diarrhea virus ［J］. *Chemotherapy*，2002，48（3）：144-147.

［15］de Andrade TM，de Melo AS，Dias RGC，*et al.* Potential behavioral and pro-oxidant effects of *Petiveria alliacea* L. extract in adult rats ［J］. *Journal of Ethnopharmacology*，2012，143（2）：604-610.

［16］Schmidt C，Fronza M，Goettert M，*et al.* Biological studies on Brazilian plants used in wound healing ［J］. *Journal of Ethnopharmacology*，2009，122（3）：523-532.

［17］Oluwole F，Bolarinwa AJF. The uterine contractile effect of *Petiveria alliacea* seeds ［J］. *Fitoterapia*，1998，69：3-6.

［18］Okada Y，Tanaka K，Sato E，*et al.* Antioxidant activity of the new thiosulfinate derivative，*S*-benzyl phenylmethanethiosulfinate，from *Petiveria alliacea* L. ［J］. *Organic & Biomolecular Chemistry*，2008，6（6）：1097-1102.

94 蒜香藤

【植物基源与形态】

蒜香藤 [*Mansoa alliacea* (Lam.) A. H. Gentry] 为紫葳科（Bignoniaceae）蒜香藤属植物，原产于巴西、阿根廷、南墨西哥等地。半攀援灌木，高可达 3 m 或以上，有大蒜或洋葱气味。椭圆形叶片，长 18～27 cm，宽 2～5 cm，由尖变钝，基部楔形。腋生花序成簇；紫色管状花冠，长 6～9 cm。果实木质化，长方形，棱角分叉，表面光滑。种子具两片膜质翅，边缘棕色，半透明[1, 2]（图 94-1）。

图 94-1　蒜香藤（*Mansoa alliacea*）

【化学成分】

蒜香藤中主要含有醌类（9-methoxy-α-lapachone 等）、酚酸类 [对羟基肉桂酸（*p*-hydroxy-cinnamic acid）、绿原酸、阿魏酸等] 和黄酮类（木犀草素、芹菜素等）化合物，还含有单宁类、萜类、生物碱类、甾醇类等其他化学成分[2-6]（图 94-2）。

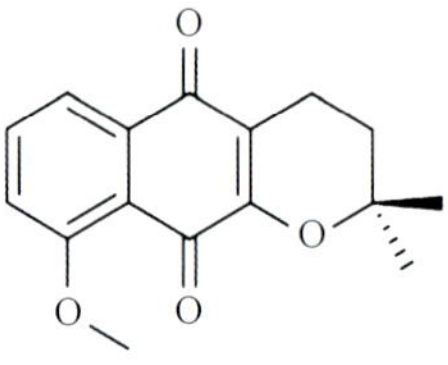

9-methoxy-α-lapachone

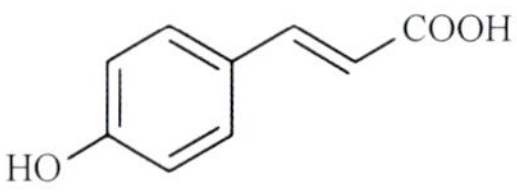

p-hydroxycinnamic acid

图 94-2　蒜香藤中代表性化学成分的结构式

【药理作用】

蒜香藤的乙醇提取物具有抗真菌活性，能抑制白色念珠菌和红毛癣菌的生长[7]，并对炎症性疼痛小鼠有良好的镇痛作用[4]。此外，蒜香藤的提取物还有抗细菌、抗病毒、抗炎、抗氧化等药理活性[6]。

【应用】

蒜香藤的叶可用于治疗感冒、肺炎、疟疾、风湿等疾病，还可用作杀虫剂。蒜香藤的茎和叶的水煎剂可外用治疗疼痛和肌肉疲劳。由蒜香藤制作而成的茶叶可用于治疗咳嗽、恶心、便秘[2]。

参 考 文 献

[1] Salgado ER. *Las Ramas Floridas del Bosque* [M]. Experiencias en el Manejo de Plantas Medicinales Amazónicas，2007，17.

[2] Zoghbi MGB，Oliveira J，Guilhon GMSP. The genus *Mansoa*（Bignoniaceae）：A source of organosulfur compounds [J]. *Revista Brasileira de Farmacognosia*，2009，19（3）：795-804.

[3] Itokawa H，Matsumoto K，Morita H，*et al.* Cytotoxic naphthoquinones from *Mansoa alliacea* [J]. *Phytochemistry*，1992，31（3）：1061-1062.

[4] Hamann FR，Brusco I，de Campos Severoa G，*et al. Mansoa alliacea* extract presents antinociceptive effect in a chronic inflammatory pain model in mice through opioid mechanisms [J]. *Neurochemistry International*，2019，122：157-169.

[5] Marakhova A，Zuniga JJ，Lobaeva TA，*et al.* Investigation of flavonoids in *Mansoa alliacea*（Lam.）leaves [J]. *FEBS Open Bio*，2019，9（1）：288-289.

[6] Pires FB，Dolwitsch CB，Pra VD，*et al.* An Overview about the chemical composition and biological activity of medicinal species found in the Brazilian Amazon [J]. *Journal of Applied Pharmaceutical Science*，2016，6（12）：233-238.

[7] Sang KS，Ginantra IK，Darmayasa I. Antifungal activity of leaf extract of *Mansoa alliacea* against *Colletotrichum acutatum* the cause of anthracnose disease on chili pepper [J]. *IOP Conference Series：Earth and Environmental Science*，2019，347：012058.

95 嘉宝果

【植物基源与形态】

嘉宝果［*Myrciaria cauliflora*（Mart.）O. Berg］为桃金娘科（Myrtaceae）拟爱神木属植物，又名树葡萄、木葡萄等，原产于南美洲的巴西、玻利维亚等地。嘉宝果为常绿灌木，可高至10～15 m；树冠密实，呈圆形且对称。叶对生，具短柄和绒毛，叶片革质，呈椭圆形。具白色小花。其成熟果实呈紫黑色球型[1,2]（图95-1）。

图95-1 嘉宝果（*Myrciaria cauliflora*）

【化学成分】

嘉宝果中主要含有花青素类（cyanidin 3-*O*-β-glucoside等）、单宁类（castalagin等）、黄酮类和杂萜类（myrcaulone A）化合物，还含有少量的萜类和维生素类成分[2-7]（图95-2）。

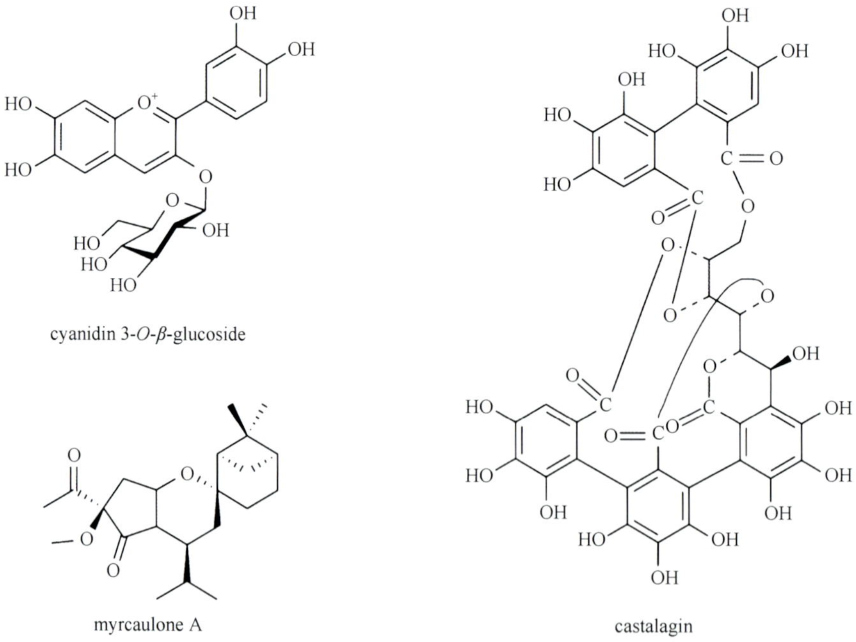

cyanidin 3-*O*-β-glucoside

myrcaulone A

castalagin

图95-2 嘉宝果中代表性化学成分的结构式

【药理作用】

嘉宝果具有抗氧化活性，可有效清除DPPH、ABTS等多种自由基[1-3]。其对多种细菌（金黄色葡萄球菌、大肠埃希菌、枯草芽孢杆菌等）和真菌（白色念珠菌、克柔念珠菌等）[3,6,7]以及亚马孙利什曼原虫也具有抑制活性[7]。嘉宝果的提取物对白血病K-562细胞、前列腺癌PC-3细胞和人口腔癌细胞具有抗增殖活性[8,9]，并具有心脏保护和降血脂活性[10,11]，还具有治疗糖尿病肾病[12]和肺部疾病的作用[2]。此外，嘉宝果中的多酚类化合物还具有抗炎活性，能抑制白细胞介素-8（IL-8）的产生[13]。

【应用】

在南美地区，嘉宝果是治疗皮肤过敏、流感、腹泻、生殖泌尿问题和哮喘的传统药物。嘉宝果的果实可供食用，也可用于制作果冻、果汁、发酵饮料和利口酒[1,2]。

参 考 文 献

[1] Costa AGV，Garcia-Diaz DF，Jimenez P，et al. Bioactive compounds and health benefits of exotic tropical red-black berries [J]. *Journal of Functional Foods*，2013，5（2）：539-549.

[2] Gasparotto A，Jr.，de Souza P，Livero FAdR. *Plinia cauliflora*（Mart.）Kausel：A comprehensive ethnopharmacological review of a genuinely Brazilian species [J]. *Journal of Ethnopharmacology*，2019，245：112169.

[3] Souza-Moreira TM，Moreira RRD，Sacramento LVS，et al. Histochemical，phytochemical and biological screening of *Plinia cauliflora*（DC.）Kausel，Myrtaceae，leaves [J]. *Revista Brasileira de Farmacognosia*，2010，20（1）：48-53.

[4] Chen M，Wang WJ，Li NP，et al. Mycaulones A-C，Unusual Rearranged Triketone-Terpene Adducts from *Myrciaria cauliflora* [J]. *Journal of Natural Products*，2020，83（8）：2410-2415.

[5] Chen M，Cao JQ，Wang WJ，et al. Four new phloroglucinol-terpene adducts from the leaves of *Myrciaria cauliflora* [J]. *Natural Products and Bioprospecting*，2021，11（1）：111-118.

[6] Alexandre de Oliveira L，de Souza-Moreira TM，Cefali LC，et al. Design of antiseptic formulations containing extract of *Plinia cauliflora* [J]. *Brazilian Journal of Pharmaceutical Sciences*，2011，47（3）：525-533.

[7] Silva MC，Souza VBd，Thomazini M，et al. Use of the jabuticaba（*Myrciaria cauliflora*）depulping residue to produce a natural pigment powder with functional properties [J]. *LWT-Food Science and Technology*，2014，55（1）：203-209.

[8] Leite-Legatti AV，Batista AG，Dragano NRV，et al. Jaboticaba peel：antioxidant compounds，antiproliferative and antimutagenic activities [J]. *Food Research International*，2012，49（1）：596-603.

[9] Wang WH，Tyan YC，Chen ZS，et al. Evaluation of the antioxidant activity and antiproliferative effect of the jaboticaba（*Myrciaria cauliflora*）seed extracts in oral carcinoma cells [J]. *BioMed Research International*，2014：185946.

[10] Lobo dADM，Reis CdF，Castro PFdS，et al.Vasorelaxant and hypotensive effects of Jaboticaba fruit（*Myrciaria cauliflora*）extract in rats [J]. *Evidence-Based Complementary and Alternative Medicine*，2015：696135.

[11] Araujo CRR，Esteves EA，Dessimoni-Pinto NAV，et al. *Myrciaria cauliflora* peel flour had a hypolipidemic effect in rats fed a moderately high-fat diet [J]. *Journal of Medicinal Food*，2014，17（2）：262-267.

[12] Wu CC，Hung CN，Shin YC，*et al. Myrciaria cauliflora* extracts attenuate diabetic nephropathy involving the Ras signaling pathway in streptozotocin/nicotinamide mice on a high fat diet [J]. *Journal of Food and Drug Analysis*，2016，24（1）：136-146.

[13] Zhao DK，Shi YN，Petrova V，*et al.* Jaboticabin and related polyphenols from jaboticaba（*Myrciaria cauliflora*）with anti-inflammatory activity for chronic obstructive pulmonary disease [J]. *Journal of Agricultural and Food Chemistry*，2019，67（5）：1513-1520.

96 蔓长春花

【植物基源与形态】

蔓长春花（*Vinca major* L.）为夹竹桃科（Apocynaceae）蔓长春花属植物，原产地中海沿岸、美洲、印度等地。蔓长春花为蔓性半灌木，高可达1 m。叶对生，椭圆形、卵形或宽卵形，长2～6 cm，宽1.5～4 cm。花单朵腋生，花冠蓝色，花冠筒漏斗状，花冠裂片倒卵形，长1.2 cm，宽7 mm，花梗长3～5 cm。果实为蓇葖果，长约5 cm。花期3～5月[1]（图96-1）。

图96-1 蔓长春花（*Vinca major*）

【化学成分】

蔓长春花中富含单萜吲哚型生物碱类（vinmajorines C～E等）[2, 3]和环烯醚萜苷类（7-*O*-*E*-feruloyl-loganin、vinmajoroside等）[4, 5]化合物，还含有黄酮类、皂苷类、甾醇类、有机酸类、酚类等其他化学成分[6]（图96-2）。

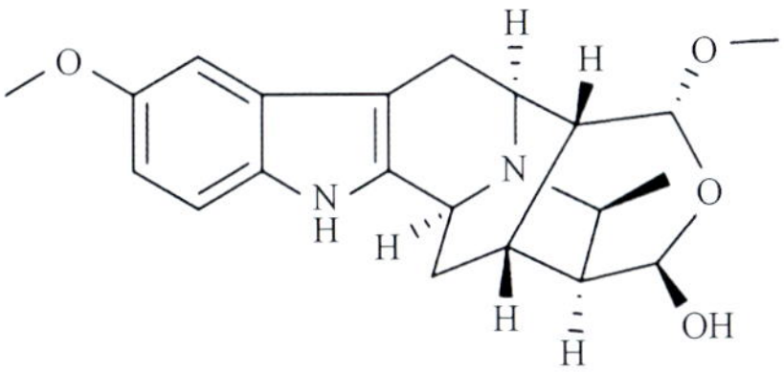

vinmajorine C

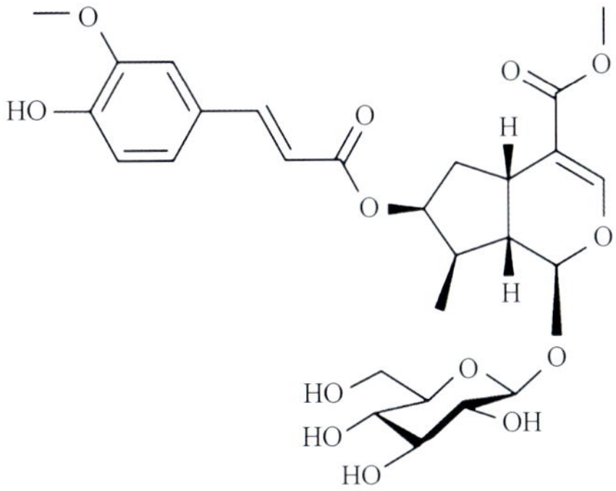

7-*O*-*E*-feruloyl-loganin

图96-2 蔓长春花中代表性化学成分的结构式

【药理作用】

蔓长春花的总生物碱可有效治疗利什曼虫感染[7]。蔓长春花叶的醇提取物具有显著的酪氨酸酶抑制作用[8]，并可降低糖尿病小鼠的血糖，显著改善糖尿病相关症状，如贫血、血脂异常、肝脏坏死、炎症等[9]。从蔓长春花中分离得到的生物碱类化合物 vinmajorines C～E 具有细胞毒活性[2]，而 7-O-E-feruloyl-loganin、syringaresinol-4-O-β-D-glucopyranoside 和 syringaresinol 则具有较好的自由基清除活性[4]。

【应用】

蔓长春花可用于治疗月经过多、糖尿病，也可用作堕胎和外伤药[3,6]。

参 考 文 献

[1] 中国科学院中国植物志编委会. 中国植物志 [M]. 北京：科学出版社，1997，63：86.

[2] Zhang ZJ，Du RN，He J，*et al.* Vinmajorines C-E，monoterpenoid indole alkaloids from *Vinca major* [J]. *Helvetica Chimica Acta*，2016，99（2）：157-160.

[3] Wei X，Khan A，Song D，*et al.* Three new pyridine alkaloids from *Vinca major* cultivated in Pakistan [J]. *Natural Products and Bioprospecting*，2017，7（4）：323-327.

[4] Cheng GG，Zhao HY，Liu L，*et al.* Non-alkaloid constituents of *Vinca major* [J]. *Chinese Journal of Natural Medicines*，2016，14（1）：56-60.

[5] Şöhretoğlu D，Masullo M，Piacente S，*et al.* Iridoids，monoterpenoid glucoindole alkaloids and flavonoids from *Vinca major* [J]. *Biochemical Systematics and Ecology*，2013，49：69-72.

[6] Farnsworth NR，Fong HHS，Blomster RN，*et al.* Studies on *Vinca major*（Apocynaceae）Ⅱ：Phytochemical investigation [J]. *Journal of Pharmaceutical Sciences*，1962，51（3）：217-224.

[7] Assmar M，Farahmand M，Aghighi Z，*et al. In vitro* and *in vivo* evaluation of therapeutic effects of *Vinca major* alkaloids on Leishmania major [J]. *Journal of School of Public Health and Institute of Public Health Research*，2003，1（2）：1-8.

[8] Sari S，Barut B，Özel A，*et al.* Tyrosinase inhibitory effects of *Vinca major* and its secondary metabolites：enzyme kinetics and *in silico* inhibition model of the metabolites validated by pharmacophore modelling [J]. *Bioorganic Chemistry*，2019，92：103259.

[9] Comfort MI，Majesty D，Kelechi N，*et al.* Effect of ethanolic leaf extract of *Vinca major* L. on biochemical parameters and glucose level of alloxan induced diabetic rats [J]. *African Journal of Biotechnology*，2019，18（32）：1054-1068.

97　辣　椒

【植物基源与形态】

辣椒［*Capsicum annuum*（L.）］为茄科（Solanaceae）辣椒属植物，又名牛角椒、长辣椒，起源于南美洲。辣椒为一年生草本植物，高0.5～1.5 m，直立。茎不规则，多分枝，绿色到棕绿色。叶互生，叶柄可达10 cm长，叶片卵形。花单生，腋生，花萼杯状，具5齿，花冠钟状，具五到七个裂片，白色。果实呈圆锥形，长可达30 cm，未成熟时呈绿色、黄色、奶油色或紫色，成熟时呈红色、橙色、黄色和棕色。种子扁肾形，扁平，淡黄色[1]（图97-1）。

图97-1　辣椒（*Capsicum annuum*）

【化学成分】

辣椒主要含有以辣椒素（capsaicin）、dihydrocapsaicin、nonivamide等为代表的生物碱类化合物，以及木犀草素（luteolin）、槲皮素（quercetin）等黄酮类化合物，还含有一些酚苷类成分[2-4]（图97-2）。

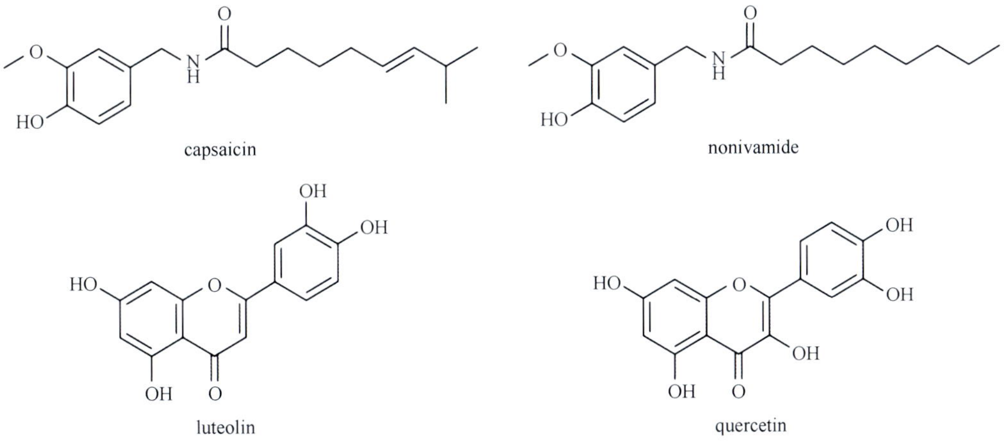

capsaicin

nonivamide

luteolin

quercetin

图97-2　辣椒中代表性化学成分的结构式

【药理作用】

辣椒对肠道 a-葡萄糖苷酶、猪胰脂肪酶等有抑制作用，具有较好的降血糖活性[5]。辣椒中含有的木犀草素（luteolin）、辣椒素（capsaicin）、槲皮素（quercetin）具有良好的抗氧化活性[3]。辣椒素（capsaicin）可控制巨噬细胞分泌二十烷类、水解酶等炎症介质，具有抗炎作用[6]，还可特异性抑制幽门螺杆菌的生长，预防和治疗胃溃疡[7]。辣椒素还可改变与肿瘤细胞存活、血管的生成及转移等有关的基因表达[8]。

【应用】

辣椒除了可作为食品和食品添加剂外，还可用于治疗消化不良、疟疾、风湿性关节炎、冻疮、毒蛇咬伤等疾病。此外，一些部落，如婆罗洲的迪雅克人和巴西的尤里·塔波卡斯人，曾用它来制造箭毒[1,9]。

参 考 文 献

[1] 中国科学院中国植物志编辑委员会. 中国植物志 [M]. 北京：科学出版社，1978，67：62.

[2] Wesolowska A，Jadczak D，Grzeszczuk M. Chemical composition of the pepper fruit extracts of hot cultivars *Capsicum annuum* L [J]. *Acta Scientiarum Polonorum - Hortorum Cultus*，2011，10（1）：171-184.

[3] Lee Y，Howard LR，Villalon B. Flavonoids and antioxidant activity of fresh pepper（*Capsicum annuum*）cultivars [J]. *Journal of Food Science*，1995，60（3）：473-476.

[4] Song C，Yu C，Zhu X，*et al.* A new *N*-containing phenolic glycoside from *Capsicum annuum* L [J]. *Natural Product Research*，2020，36（2）：546-552.

[5] Shukla S，Anand Kumar D，Anusha SV，*et al.* Antihyperglucolipidaemic and anticarbonyl stress properties in green，yellow and red sweet bell peppers（*Capsicum annuum* L.）[J]. *Natural Product Research*，2016，30（5）：583-589.

[6] Joe B，Lokesh BR. Effect of curcumin and capsaicin on arachidonic acid metabolism and lysosomal enzyme secretion by rat peritoneal macrophages [J]. *Lipids*，1997，32（11）：1173-1180.

[7] Satyanarayana MN. Capsaicin and gastric ulcers [J]. *Critical Reviews in Food Science and Nutrition*，2006，46（4）：275-328.

[8] Clark R，Lee SH. Anticancer properties of capsaicin against human cancer [J]. *Anticancer Research*，2016，36（3）：837-843.

[9] De la Torre L，Navarrete H，Muriel P，*et al. Enciclopedia de las Plantas Útiles del Ecuador*（con extracto de datos）[M]. Ecuador：Herbario QCA de la Escuela de Ciencias Biológicas de la Pontificia Universidad Católica del Ecuador & Herbario AAU del Departamento de Ciencias Biológicas de la Universidad de Aarhus，2008，597.

98 薇 甘 菊

【植物基源与形态】

薇甘菊（*Mikania micrantha* Kunth）为菊科（Asteraceae）假泽兰属植物，又名小花蔓泽兰、小花假泽兰，原产于南美洲和中美洲，现已广泛传播到印度、马来西亚、泰国、尼泊尔、印度尼西亚、菲律宾以及我国的亚热带地区。薇甘菊为多年生草质或木质藤本，茎细长，匍匐或攀缘，多分枝，被短柔毛或近无毛；茎圆柱状，有时管状，具棱。叶薄，淡绿色，卵心形或戟形，渐尖，茎生叶大多箭形或戟形，近全缘至粗波状齿，长4~13 cm，宽2~9 cm。圆锥花序顶生或侧生，复花序聚伞状分枝；头状花序小，花冠白色，喉部钟状，具长小齿，弯曲。瘦果黑色，表面分散有粒状突起物[1, 2]（图98-1）。

图98-1　薇甘菊（*Mikania micrantha*）

【化学成分】

薇甘菊中主要含有黄酮类（mikanin等）及木脂素类［（＋）-isolariciresinol等］化合物，还含有倍半萜内酯类（mikanolide等）、二萜类（caudicifolin等）、甾体类、挥发油类等其他化学成分[3-6]（图98-2）。

【药理作用】

薇甘菊的乙酸乙酯提取物具有良好的解热抗炎、杀菌及神经保护活性[7, 8]。薇甘菊叶的总黄酮部位以及所含有的倍半萜内酯类化合物mikanolide、dihydromikanolide对多种致病菌

mikanin

(+)-isolariciresinol

mikanolide   caudicifolin

图98-2 薇甘菊中代表性化学成分的结构式

（金黄色葡萄球菌、大肠埃希菌、沙门菌、志贺菌）均具有良好的抗菌活性[5, 9]。薇甘菊中含有的二萜类成分则具有良好的抗炎活性，可抑制脂多糖（LPS）诱导的巨噬细胞RAW264.7产生一氧化氮（NO）[6]。薇甘菊中含有的酚类成分具有抗氧化活性，可有效清除DPPH自由基和ABTS阳离子自由基，还具有一定的铁离子还原能力（FRAP）[4]。

【应用】

薇甘菊常用于治疗皮肤瘙痒和脚气[4]。

参 考 文 献

[1] http：//tropical.theferns.info/viewtropical.php?id=Mikania+micrantha

[2] http：//www.hear.org/species/mikania_micrantha/

[3] Wei X，Huang H，Wu P，*et al*. Phenolic constituents from *Mikania micrantha* [J]. *Biochemical Systematics and Ecology*，2004，11（32）：1091-1096.

[4] Dong LM，Jia XC，Luo QW，*et al*. Phenolics from *Mikania micrantha* and their antioxidant activity [J]. *Molecules*，2017，22（7）：1140.

[5] Facey PC，Pascoe KO，Porter ROYB，*et al*. Investigation of plants used in Jamaican folk medicine for anti-bacterial activity [J]. *Journal of Pharmacy and Pharmacology*，1999，51（12）：1455-1460.

[6] Zhang Y，Zeng YM，Xu YK，*et al*. New cadinane sesquiterpenoids from *Mikania micrantha* [J]. *Natural Product Research*，2020，34（19）：2729-2736.

[7] Jyothilakshmi M，Jyothis M，Latha MS. Antidermatophytic activity of *Mikania micrantha* Kunth：An invasive weed [J]. *Pharmacognosy Research*，2015，7（Suppl 1）：S20.

[8] Andriani Y，Hamidatulaliyah S，Sagita D，*et al*. *Mikania micrantha* improved memory perform on dementia model [J]. *Open Access Macedonian Journal of Medical Sciences*，2019，7（22）：3852-3855.

[9] 张敏，韩雅莉. 薇甘菊叶的总黄酮提取及抑菌活性研究 [J]. 广东工业大学学报，2014，31（2）：133-138.

99 藿 香 蓟

【植物基源与形态】

藿香蓟［*Ageratum conyzoides*（L.）］为菊科（Asteraceae）藿香蓟属植物，又名胜红蓟、一枝香，原产中南美洲，现广泛分布于非洲、东南亚等地。藿香蓟为一年生草本，高可达1 m。茎粗壮，茎枝淡红色，或上部绿色，被白色尘状短柔毛或上部被稠密开展的长绒毛。叶对生，卵形或长圆形。头状花序呈缨状，总苞钟状或半球形，宽约5 mm。总苞片2层，长圆形或披针状长圆形。花冠长1.5～2.5 mm，外面无毛或顶端有尘状微柔毛。瘦果黑褐色，5棱[1, 2]（图99-1）。

图99-1　藿香蓟（*Ageratum conyzoides*）

【化学成分】

藿香蓟中主要含有早熟素Ⅰ（precocene Ⅰ，7-methoxy 2, 2-dimethylchromene）、早熟素Ⅱ（precocene Ⅱ，ageratochromene）、β-石竹烯（β-caryophyllene）等挥发油类成分，还有黄酮类、三萜类、苯并呋喃类、甾体类、生物碱类、氨基酸类等其他化学成分[3-5]（图99-2）。

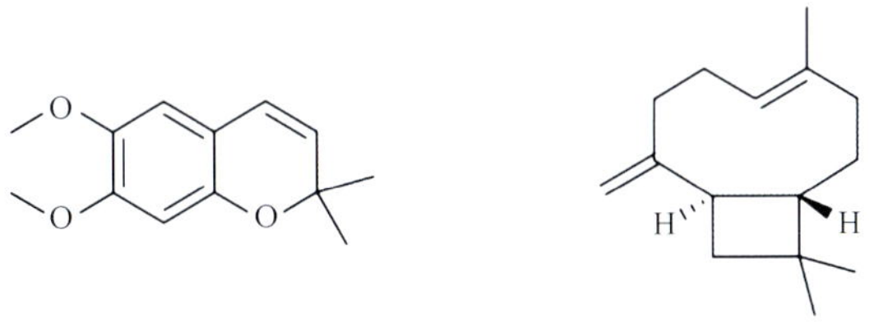

ageratochromene　　　　　β-caryophyllene

图99-2　藿香蓟中代表性化学成分的结构式

【药理作用】

藿香蓟具有抗炎、抗菌、解热、镇痛、抗肿瘤等多种药理活性[3, 4, 6]。藿香蓟叶的70%醇提物可通过阻断Ca^{2+}通道或抑制cAMP磷酸二酯酶等不同途径发挥解除平滑肌痉挛的功效[7]。藿香蓟还可抑制前列腺细胞中5-α-还原酶，减轻男性的前列腺肥大症状[8]。

【应用】

在南美洲，藿香蓟全草常用于治疗妇女非子宫性阴道出血，具有清热解毒、消炎止血等功效[1,2]。

参 考 文 献

[1] http：//tropical.theferns.info/viewtropical.php?id=Ageratum+conyzoides

[2] 中国科学院中国植物志编辑委员会. 中国植物志 [M]. 北京：科学出版社，1985，74：53.

[3] Yadav N，Ganie SA，Singh B，Chhillar AK，Yadav SS. Phytochemical constituents and ethnopharmacological properties of *Ageratum conyzoides* L. [J]. *Phytotherapy Research*，2019，33（9）：2163-2178.

[4] Okunade AL. *Ageratum conyzoides* L.（Asteraceae）[J]. *Fitoterapia*，2002，73（1）：1-16.

[5] 钟渊隽. 菊科植物藿香蓟成分和生物效应研究 [D]. 杭州：浙江大学，2006.

[6] 唐秀能，韦红棉. 藿香蓟药理作用及其临床应用研究进展 [J]. 广西中医药大学学报，2014，17（2）：114-116.

[7] 左风. 藿香蓟叶水溶部分对平滑肌的作用 [J]. 国外医学（中医中药分册），2001，（4）：232.

[8] Detering M，Steels E，Koyyalamudi SR，Allifranchini E，Bocchietto E，Vitetta L. *Ageratum conyzoides* L. inhibits 5-*alpha*-reductase gene expression in human prostate cells and reduces symptoms of benign prostatic hypertrophy in otherwise healthy men in a double blind randomized placebo controlled clinical study [J]. *BioFactors*，2017，43（6）：789-800.

100 鳢 肠

【植物基源与形态】

鳢肠[*Eclipta prostrata*（L.）]为菊科（Asteraceae）鳢肠属植物，又名旱莲草、墨旱莲，广泛分布于热带及亚热带地区，在我国各省区均有分布。鳢肠为一年生草本植物，茎直立，斜升或平卧，高可达60 cm。叶片长圆状披针形或披针形。头状花序，有细花序梗；总苞球状钟形，总苞片绿色，草质，长圆形或长圆状披针形；外围的雌花，舌状，舌片短；花冠管状，白色。瘦果暗褐色，雌花的瘦果三棱形，两性花的瘦果扁四棱形。花期6～9月[1,2]（图100-1）。

图100-1　鳢肠（*Eclipta prostrata*）

【化学成分】

鳢肠中主要含有黄酮及其苷类[槲皮素（quercetin）、木犀草素（luteolin）等]、香豆素类（wedelolactone等）和三萜类[齐墩果酸（oleanolic acid）等]化合物，还含有噻吩类、甾体类、生物碱类、皂苷类等其他化学成分[3]（图100-2）。

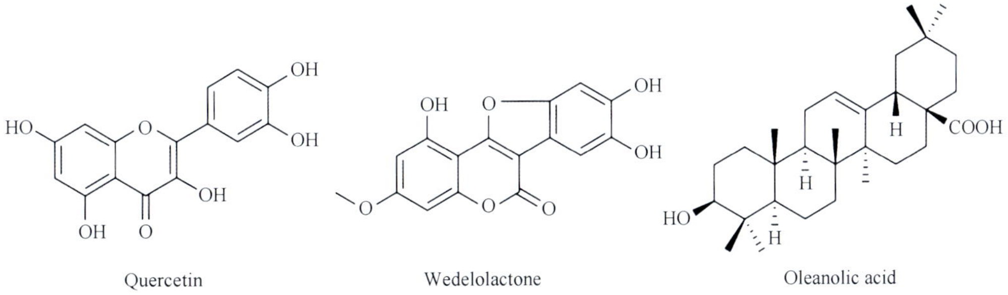

Quercetin　　　　Wedelolactone　　　　Oleanolic acid

图100-2　鳢肠中代表性化学成分的结构式

【药理作用】

鳢肠的水提物具有抗炎镇痛作用，其作用机制与抑制COX-2和HIF-1α的表达、调节IκB/NF-κB信号通路有关[4]。鳢肠的甲醇提取物具多种药理活性，如：降血糖作用，能降低四氧嘧啶诱导的糖尿病大鼠的血糖水平[5]；抗肿瘤作用，能通过诱导p53介导的细胞凋亡，减少肿瘤细胞的增殖[6]。鳢肠叶中含有的生物碱类成分具有较好的抗菌作用，能抑制大肠埃希菌、铜绿假单胞菌、博氏志贺菌、金黄色葡萄球菌、粪链球菌等致病菌的生长[7]。鳢肠中含有的香豆素类化合物wedelolactone具有保肝作用，可减轻ConA诱导的小鼠肝脏炎症，减少肝细胞凋亡[8]。Wedelolactone还具有抗骨质疏松作用，可通过NF-κB/c-fos/NFATc1通路抑制破骨细胞的形成[9]。鳢肠中分离的黄酮类化合物luteolin能够选择性地抑制乳腺癌细胞，而对正常细胞影响较小[10]。

【应用】

在印度和中国，鳢肠主要用于治疗支气管炎、哮喘、皮肤病（如烧伤、皮炎）、肝脾肿大、发热、脱发、糖尿病、黄疸等[11]。在巴西，鳢肠被广泛用于治疗蛇伤、梅毒、蛲虫病和麻风病[12]。

参 考 文 献

[1] 中国科学院中国植物志编辑委员会. 中国植物志 [M]. 北京：科学出版社，1979，75：344.

[2] Keiko, Nakatani, Tokuichi, et al. Effect of photoperiod and temperature on growth characteristics, especially heading or flower bud appearance of upland weeds [J]. *Journal of Weed Science and Technology*, 1991, 36（1）：74-81.

[3] Feng L, Zhai YY, Xu J, et al. A review on traditional uses, phytochemistry and pharmacology of *Eclipta prostrata*（L.）L [J]. *Journal of Ethnopharmacology*, 2019, 245：112109.

[4] Kim DS, Kim SH, Kee JY, et al. *Eclipta prostrata* improves DSS-induced colitis through regulation of inflammatory response in intestinal epithelial cells [J]. *The American Journal of Chinese Medicine*, 2017, 45（5）：1047-1060.

[5] Hemalakshmi PTV, Sriram P, Mathuram LN. Hypoglycemic and antioxidant activities of methanolic extract of *Eclipta alba* in experimentally induced diabetes mellitus in rats [J]. *Tamil Nadu Journal of Veterinary & Animal Sciences*, 2012, 8（4）：215-226.

[6] Ali F, Khan R, Khan AQ, et al. Assessment of augmented immune surveillance and tumor cell death by cytoplasmic stabilization of p53 as a chemopreventive strategy of 3 promising medicinal herbs in murine 2-stage skin carcinogenesis [J]. *Integrative Cancer Therapies*, 2014, 13（4）：351-367.

[7] Gurrapu S, Mamidala E. *In vitro* antibacterial activity of alkaloids isolated from leaves of *Eclipta alba* against human pathogenic bacteria [J]. *Pharmacognosy Journal*, 2017, 9（4）：573-577.

[8] Luo Q, Ding J, Zhu L, et al. Hepatoprotective effect of wedelolactone against concanavalin A-induced liver injury in mice [J]. *The American Journal of Chinese Medicine*, 2018, 46（4）：819-833.

[9] Liu YQ, Hong ZL, Zhan LB, et al. Wedelolactone enhances osteoblastogenesis by regulating Wnt/β-catenin signaling pathway but suppresses osteoclastogenesis by NF-κB/c-fos/NFATc1 pathway [J]. *Scientific Reports*, 2016, 6：32260.

[10] Arya RK, Singh A, Yadav NK, et al. Anti-breast tumor activity of *Eclipta* extract *in-vitro* and *in-vivo*：novel evidence of endoplasmic reticulum specific localization of Hsp60 during apoptosis [J]. *Scientific Reports*, 2015, 5：18457.

[11] Khan A, Khan AA. Ethnomedicinal uses of *Eclipta prostrata* Linn. [J]. *Indian Journal of Traditional Knowledge*, 2008, 7（2）：316-320.

[12] de Freitas Morel LJ, de Azevedo BC, Carmona F, et al. A standardized methanol extract of *Eclipta prostrata*（L.）L.（Asteraceae）reduces bronchial hyperresponsiveness and production of Th2 cytokines in a murine model of asthma [J]. *Journal of Ethnopharmacology*, 2017, 198：226-234.

拉丁名中文对照

Abelmoschus moschatus（黄葵）

Abuta grandifolia（大叶脱皮藤）

Agave angustifolia（狭叶龙舌兰）

Ageratum conyzoides（藿香蓟）

Allemanda cathartica（软枝黄蝉）

Aloe vera（芦荟）

Amaranthus spinosus（刺苋）

Annona squamosa（番荔枝）

Artocarpus altilis（面包树）

Banisteriopsis caapi（卡拔木）

Bidens pilosa（鬼针草）

Bixa orellana（红木）

Borojoa patinoi（宝乐果）

Bougainvillea glabra（光叶子花）

Brosimum utile（桑德木）

Brugmansia arborea（木本曼陀罗）

Brugmansia suaveolens（大花木曼陀罗）

Brunfelsia grandiflora（大花番茉莉）

Bryophyllum pinnatum（落地生根）

Buddleja globosa（球花醉鱼草）

Caladium bicolor（五彩芋）

Canna indica（美人蕉）

Capsicum annuum（辣椒）

Carica papaya（番木瓜）

Cedrela odorata（洋椿）

Centella asiatica（积雪草）

Clidemia hirta（伏地野牡丹）

Codiaeum variegatum（变叶木）

Couroupita guianensis（炮弹树）

Crescentia cujete（葫芦树）

Crotalaria pallida（猪屎豆）

Diospyros digyna（黑柿）

Diplopterys cabrerana（死藤）

Dysphania ambrosioides（土荆芥）

Eclipta prostrata（鳢肠）

Emilia sonchifolia（一点红）

Eryngium foetidum（刺芹）

Eucharis grandiflora（南美水仙）

Eugenia stipitata（大果番樱桃）

Eugenia uniflora（红果仔）

Euphorbia hirta（飞扬草）

Euphorbia hypericifolia（通奶草）

Fittonia albivenis（网纹草）

Guarea kunthiana（肯氏驼峰楝）

Hedychium coronarium（姜花）

Heliconia rostrata（金嘴蝎尾蕉）

Hylocereus undatus（火龙果）

Ilex guayusa（瓜尤茶）

Inga edulis（印加豆）

Ipomoea batatas（番薯）

Ipomoea carnea（树牵牛）

Lantana camara（马缨丹）

Leucaena leucocephala（银合欢）

Mangifera indica（杧果）

Manihot esculenta（木薯）

Mansoa alliacea（蒜香藤）

Mikania micrantha（薇甘菊）

Morus alba（桑）

Muntingia calabura（文定果）

Myrciaria cauliflora（嘉宝果）

Ocimum basilicum（罗勒）

Ocotea quixos（南美甜樟）

Odontonema cuspidatum（红珊瑚爵床）

Pachira insignis（红花瓜栗）

Pachyrhizus erosus（豆薯）

Passiflora edulis（鸡蛋果）

Peperomia pellucida（草胡椒）

Petiveria alliacea（蒜香草）

Pilea microphylla（小叶冷水花）

Piper aduncum（树胡椒）

Plukenetia volubilis（南美油藤）

Porophyllum ruderale（香蝶菊）

Portulaca pilosa（毛马齿苋）

Pothomorphe peltatum（盾叶胡椒）

Psidium guajava（番石榴）

Psychotria poeppigiana（热唇草）

Psychotria viridis（绿九节）

Sanchezia speciosa（金脉爵床）

Senna alata（翅荚决明）

Sida rhombifolia（白背黄花稔）

Solanum americanum（少花龙葵）

Solanum erianthum（假烟叶树）

Solanum mammosum（乳茄）

Solanum nigrum（龙葵）

Solanum torvum（水茄）

Stachytarpheta jamaicensis（假马鞭）

Stevia rebaudiana（甜叶菊）

Tabernaemontana sananho（普约狗牙花）

Tapirira guianensis（圭亚那鸽枣）

Taraxacum officinale（药用蒲公英）

Theobroma cacao（可可）

Theobroma grandiflorum（大花可可）

Tibouchina granulosa（角茎野牡丹）

Tithonia diversifolia（肿柄菊）

Tradescantia zebrina（吊竹梅）

Uncaria tomentosa（绒毛钩藤）

Urera caracasana（火莓）

Vinca major（蔓长春花）

Witheringia solanacea（南美茄）